精品课程配套教材
21世纪应用型人才培养规划教材
“双创”型人才培养优秀教材

网页设计

主　编　苟双晓　李　琴　杨　萌
副主编　朱婷婷　郎振红　果　霖
种子儒　李　瑛　孔　霞
高小东　黄红林　高卫斌
罗菁晶　朱华西

東北大學出版社
Northeastern University Press

图书在版编目（CIP）数据

网页设计 / 苟双晓，李琴，杨萌主编. — 沈阳：
东北大学出版社，2020.1
ISBN 978-7-5517-2246-9

Ⅰ. ①网…　Ⅱ. ①苟…　②李…　③杨…　Ⅲ. ①网页制
作工具 Ⅳ. ①TP393.092.2

中国版本图书馆CIP数据核字(2020)第021232号

出 版 者：东北大学出版社
地址：沈阳市和平区文化路三号巷11号
邮编：110819
电话：024-83680267（社务室）　83687331（营销部）
传真：024-83687332（总编室）　83680180（营销部）
网址：http://www.neupress.com
E-mail:neuph@neupress.com
印 刷 者：北京俊林印刷有限公司
发 行 者：东北大学出版社
幅面尺寸：210mm × 285mm
印　　张：9
字　　数：204千字
出版时间：2020年1月第1版
印刷时间：2020年1月第1次印刷
责任编辑：孙　锋
责任校对：刘乃义
封面设计：尤岛设计
责任出版：唐敏志

ISBN 978-7-5517-2246-9　　定价：69.00 元

P R E F A C E

前 言

网页是信息传递与形象展示的新领域。早期的网页主要以信息传递为主要功能、以技术为主线，不太注重网页界面的视觉美感。如今，在艺术设计人员的参与下，网页越来越注重美学要素，其不仅是信息传递的新载体，也是形象展示的新舞台。网页设计是计算机技术与艺术设计的新统一，网页设计被广泛地应用于政府、企业、组织甚至是个人的形象展示与信息传达。

就目前状况而言，学习“网页设计”课程的学生包括艺术设计类专业学生和计算机应用类专业学生。艺术设计类专业学生具有较好的美学基础，懂得营造网页界面的视觉美感，但是其设计的网页技术性较差。计算机应用类专业学生具有较好的技术性知识与基础，但是其美学知识欠佳，其设计的网页在视觉方面缺乏亮点。基于这种状况，编者试图编写一本既能够适用于艺术设计类专业学生使用，也能够满足计算机应用专业类学生需要的教材。

本书共有6章。第一章“网页界面分析及设计布局”分析了网页界面的构成与布局；第二章“网页设计视觉语言”分析了网页界面中字体、色彩、图像、网页媒体的特征及其使用规范；第三章“网页设计视觉原理”从秩序、变化与留白三个角度分析了网页界面设计的视觉美学原理；第四章“网页设计HTML基础”介绍了网页设计中HTML代码基础知识；第五章“网页设计CSS基础”介绍了网页设计的CSS基础知识；第六章“网页设计实践”通过案例，系统地复习本课程学习的知识。

对于美学基础较好的艺术设计类专业学生，可以从第四章开始学习；对于计算机应用类专业学生，可以将主要精力放置于前面三个章节。

由于编者水平有限，书中难免有瑕疵，敬请各位老师、同学批评指正。

编　者

CONTENTS

目录

第四章 网页设计HTML基础 / 051

第五章 网页设计CSS基础 / 073

第六章 网页设计实践 / 109

网页设计 | WEB DESIGN

网页界面分析及设计布局

第一章

CHAPTER 1

1.1 网页的尺寸及分辨率设定

在设计网页效果图时，可以使用Photoshop等图形处理软件设置网页的首屏尺寸大小，例如在Photoshop软件中可以选择640×480、800×600、1024×768、1152×864、1280×1024、1600×1200像素等尺寸，也可以根据实际情况自行设定，如图1–1所示。

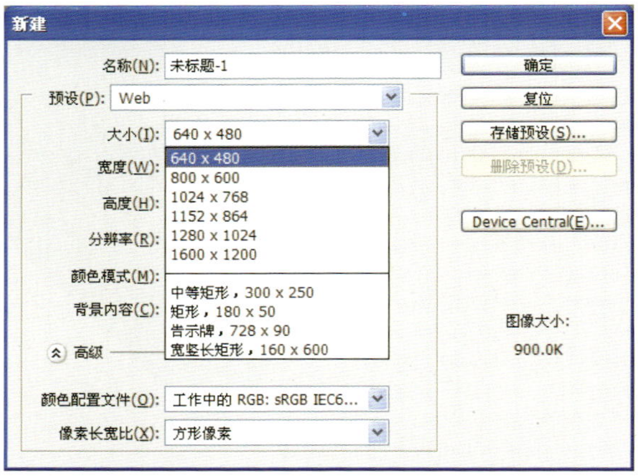

◆ 图1–1　网页界面尺寸设定

网页界面的尺寸与打开网页的浏览器以及终端设备紧密相关。目前主流的电脑显示器屏幕分辨率依然是1366×768像素，而Windows10系统下依然有近34%的设备保持这个分辨率，只有27%以上的电脑显示器在全高清或者更高级别，图1–2所示为主流PC显示器分辨率统计。

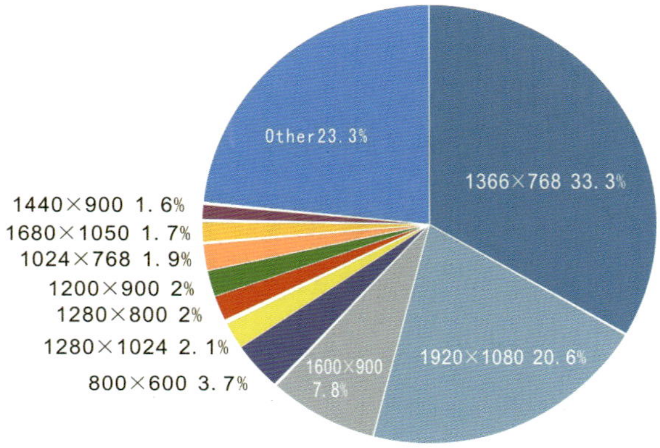

◆ 图1–2　主流PC显示器分辨率（AdDuplex报告：http://cpu.zol.com.cn/628/6282212.html）

所以，在设定网页尺寸大小时，一般还是将页面尺寸大小设置为1024×768像素，分辨率设置为72像素，如图1–3所示。

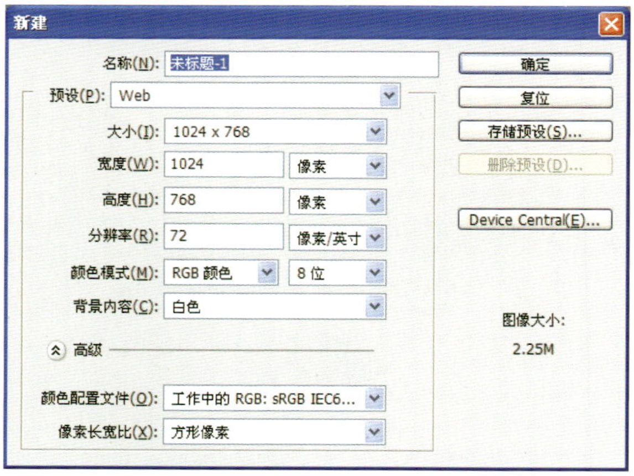

◆ 图1–3　网页尺寸大小及分辨率设定

当然，也可以根据实际情况设定网页尺寸，如宽度设为1024像素，分辨率72像素/英寸，高度依据网页内容的多少以及设计风格设定，如图1–4、图1–5所示，其高度一般是768的倍数。

◆ 图1-4　滚动式网页高度(9倍)

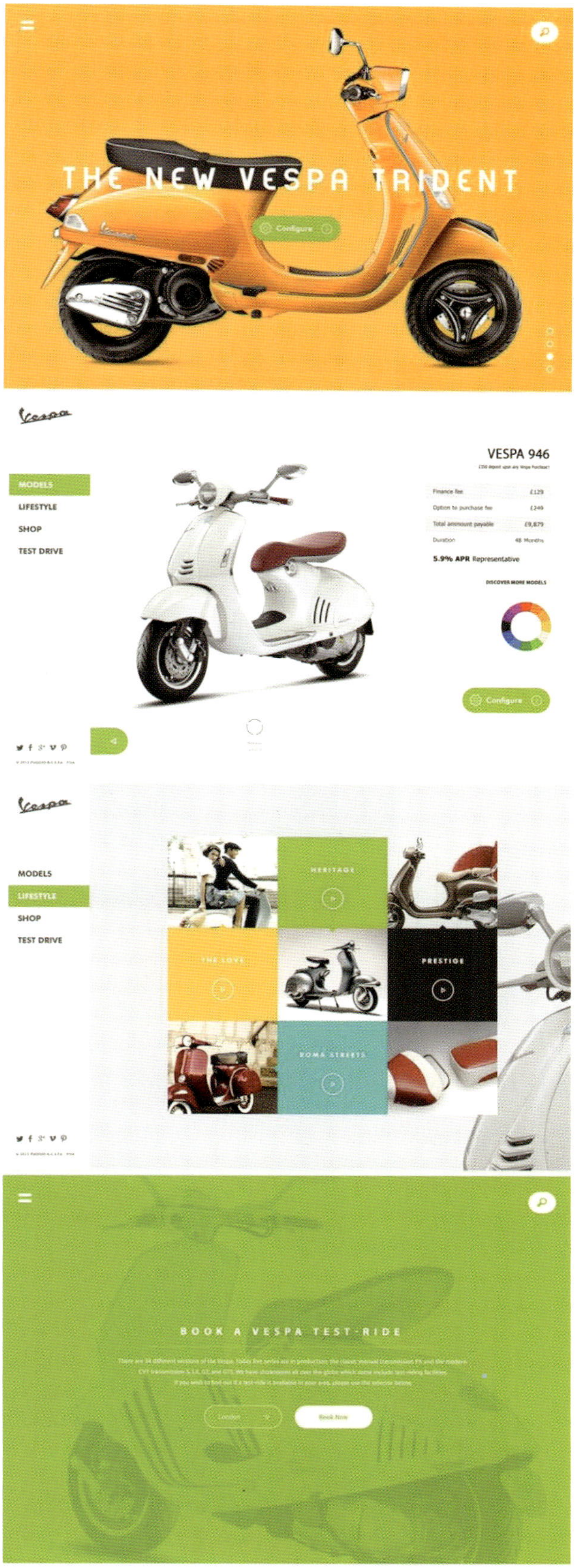

◆ 图1-5　滚动式网页高度(4倍)

1.2 网页界面构成

网页界面一般由头部（heading）、内容区（content）以及页脚（footer）构成，如图1–6所示。

◆ 图1–6　网页界面构成

1.2.1 网页的头部

网页的头部，也称为“页首”。其位于网页的顶部，是打开网页首先关注到的部分，是用户的第一个视觉焦点、第一印象区，也是网站设计者和拥有者最为关心的设计部分。一般由网站标志及企业标准字组合、介绍文案、插图或者横幅广告、主导航等内容构成，如图1–7、图1–8所示。

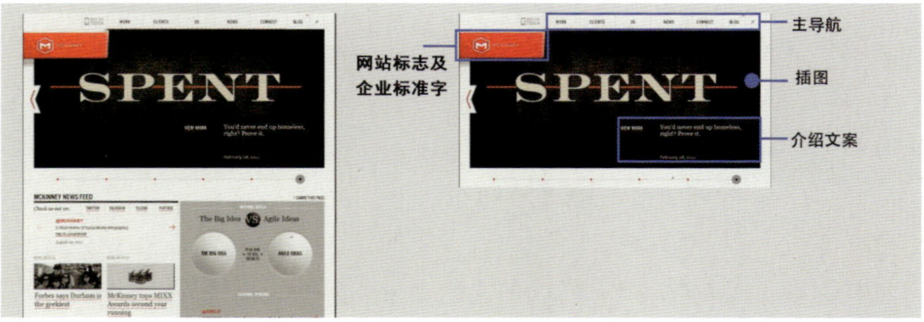

◆ 图1–7　网页首屏界面及头部分析1

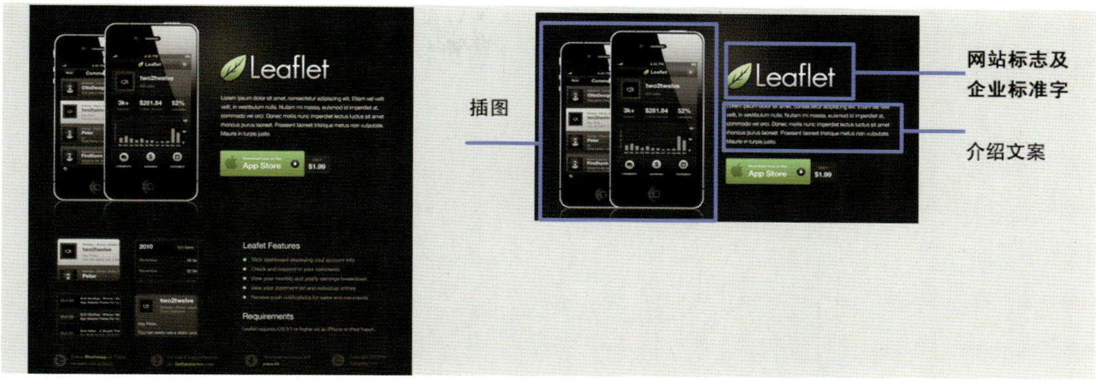

◆ 图1–8 网页首屏界面及头部分析2

网站标志及企业标准字是企业形象的重要组成部分，是企业文化的视觉凝练，被广泛地应用于企业形象宣传的各个领域，也是企业网站的重要组成部分。其往往放置于网页的头部，如图1–9、图1–10所示。当然，这个位置也不是绝对的，在一些创意性网页的设计中，网站标志及企业标准字也可以放置于其他位置，如图1–11所示。

◆ 图1–9 网页首屏界面构成分析1

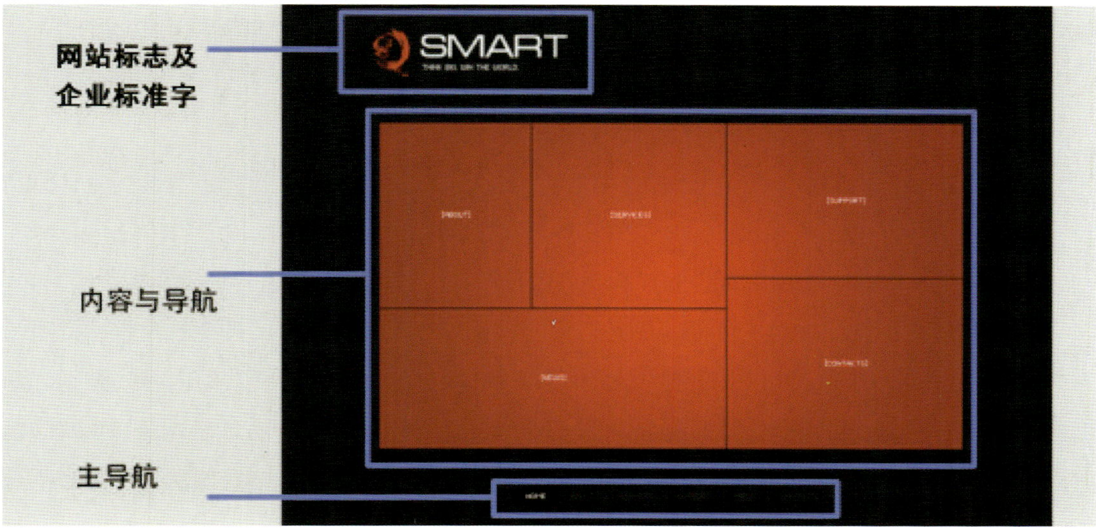

◆ 图1–10 网页首屏界面构成分析2

鉴于网站标志及企业标准字的重要性，所以不管是什么类型的网页，采用什么样的设计手法，其一定要放置于网页中关键的、能够引起用户关注的位置。

◆ 图1–11　网页首屏界面构成分析3

网站介绍文案必须具有简短、准确的特点，是对该网页核心内容或者核心服务的总结，如图1–12、图1–13所示。

◆ 图1–12　网页文案1

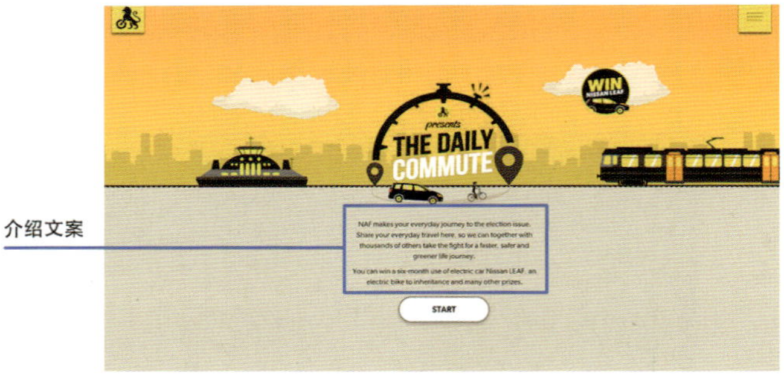

◆ 图1–13　网页文案2

插图常用在网站中起到解释说明或衬托气氛的作用，如图1–7至图1–9所示。

主导航是网页设计中必不可少的要素，它能够让用户很快找到自己需要的内容，类似图书中的目录，如图1–7、图1–9、图1–10、图1–11中标注示例。它把网站的内容按类别、分层次地链接到一起，可以分为栏目导航、路径导航、页码导航、网站地图等类别。导航的设置以网站内容的多少及结构层次为依据，但是一般来说，栏目导航与站内搜索引擎是必不可少的。

1.2.2 网页的内容区

内容区是网页界面的主体，其占据了网页界面的绝大部分位置。其包含的内容没有具体的限制，可以有图像、文字、视频、音频、动画等多种媒介，且各自的数量也没有限制。在设计内容区时，由于信息数量的庞杂性，所以一定要以简洁、有序为设计的主要法则，如图1–14、图1–15所示。常常使用“栅格”来营造界面（关于栅格将在后面进行详细学习）。

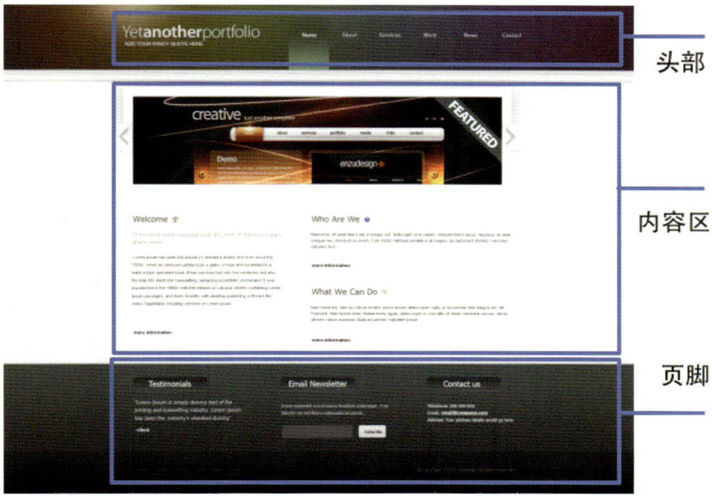

◆ 图1–14　某网页界面的界面结构1

◆ 图1–15　某网页界面的界面结构2

1.2.3 网页的页脚

页脚位于网页界面的底部，一般放置一些辅助性的内容，如版权声明、站点链接等。有的网页界面页脚极为简洁，只有一行字。有的网页界面页脚内容也比较庞杂，如图1–14、图1–15所示。

1.3 网页界面布局

网页设计与其他视觉艺术一样，通常在布局时没有统一的标准。设计内容和表现方法不能够用一个或者几个标准去限定。但在具体的设计中往往都是借用“栅格”来定位各种视觉元素的空间位置以及设置视觉元素的大小。

简单地说，在网页界面中出现的各种视觉元素在大小上一定是最小网格的N倍。在位置上，都是对齐某一网格的边线。

栅格设计系统（grid systems），又称网格设计系统、标准尺寸系统、程序版面设计、瑞士平面设计风格、国际主义平面设计风格，是一种平面设计的方法与风格。运用固定的网格设计版面布局，其风格工整简洁、理性。

设计网页时，使用“栅格”进行定位布局的主要原因在于：

①网页界面简洁、理性；

②网页结构具有很好的可预测性，能够保障某一个页面的一致性；

③栅格能与CSS框架架构很好地融合，便于网站后期的编程与维护。

1.3.1 栅格大小设置

在大多设计软件中，都有栅格这一功能，例如，在Photoshop软件中勾选菜单栏中“视图\显示\网格”，在页面中就可以显示网格关系，如图1-16所示。

◆ 图1-16　Photoshop软件中的栅格

如何去设定最小网格尺寸是栅格功能的关键，以图1-17做简要说明。

在网页设计中，把宽度为“W”的页面分割成n个网格单元“a”，每个单元与单元之间的间隙设为“i”，此时把“a+i”定义为“A”。它们之间的关系如下：

$$A \times n - i = W$$

这个公式表述了网页的布局与网页“背后”的栅格系统之间的某种关系。以Yahoo网站某个时期首页作例，来看一下栅格系统的应用，如图1-18所示

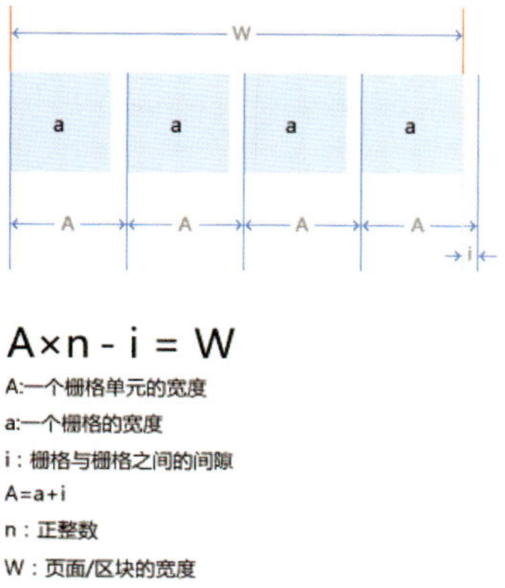

◆ 图1–17 网格计算示意图（数据源于https://www.themepark.com.cn/sghwysjfx.html）

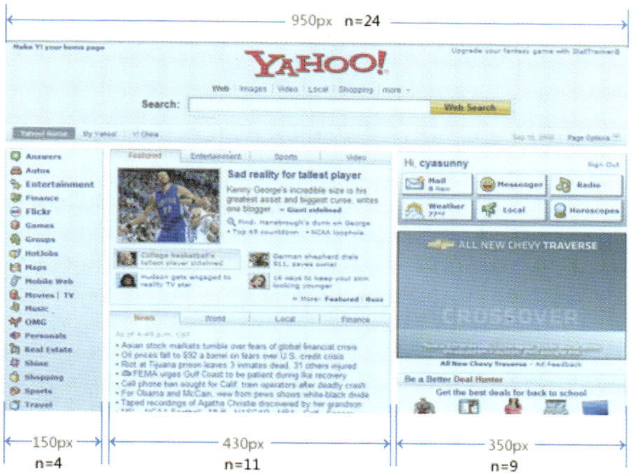

◆ 图1–18 网格应用案例（数据源于https://www.themepark.com.cn/sghwysjfx.html）

Yahoo的网站页面宽度为W=950px，n=24，每个区块与区块的间隔为i=10px。如果应用上面的公式，可以推出A=40px，即Yahoo首页横向版式设计采用的栅格系统为：

$$40 \times n-10=W$$

其实，设计界面时，只要选择一个能够将界面整除的数值（使用此数值将界面分为6栏、12栏、24栏等），那么这个数值就是网格的基本尺寸。

如设定整个界面的宽度为960px，将界面横向分为24栏，则网格的大小为40px；分为12栏，则网格大小为80px。

此时，可以在设计软件（如ps中的“编辑菜单\首选项”）中调出网格设计窗口进行设置，如图1–19。在图1–19所示窗口中可以设定你需要的网格大小，以及子网格的数量。

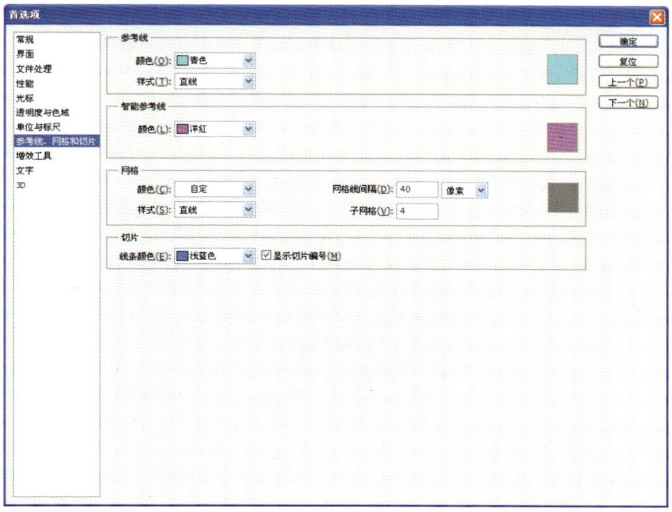

◆ 图1–19 ps中网格大小设定

网格的作用就是规范设计，它并不是设计的约束。再次声明：只要使用的视觉元素大小是设定网格或者子网格的倍数关系，视觉元素在水平或者垂直方向均能够对齐网格的某一个边缘，那么你的设计基本上就可以实现简洁理性的布局。

绝大多数优秀的界面设计均可以找到网格的使用，如图1–20至图1–25所示。

◆ 图1–20　网站界面设计案例1

◆ 图1–21　界面网格分析示意1

◆ 图1–22　网站界面设计案例2

◆ 图1–23　界面网格分析示意2

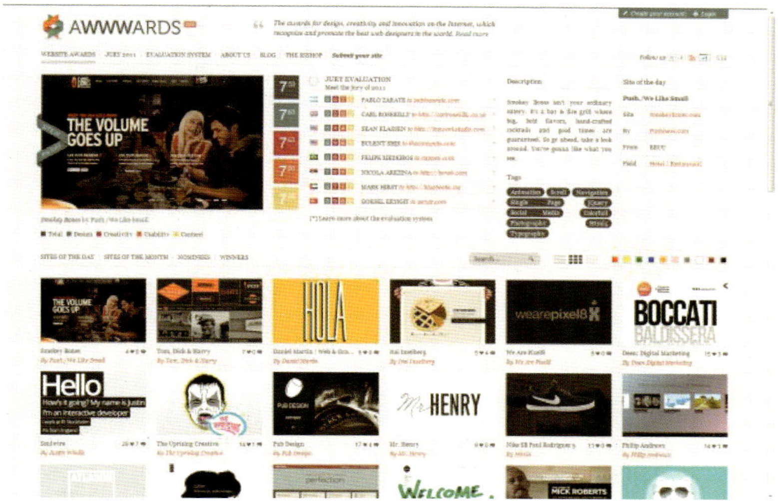

◆ 图1–24　网站界面设计案例3

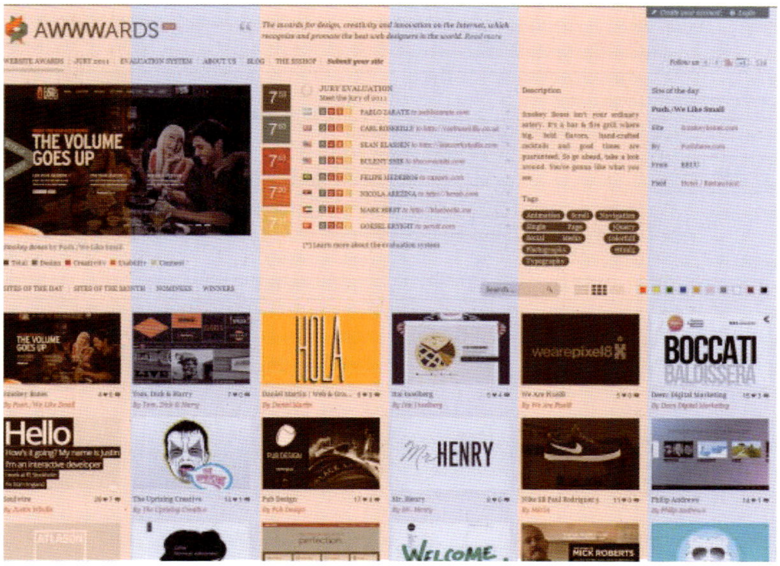

◆ 图1–25　界面网格分析示意3

例如图1–21、图1–23、图1–25展示的是网页界面中网格的块面。在具体使用中，若干网格之间可以合并成大网格，也可以继续细分为若干子网格。在设计网页界面时，要借助于网格构图的规范性、简洁性，但是不要被其约束，视觉元素只能放置在一个网格中，如图1–26至图1–31所示。

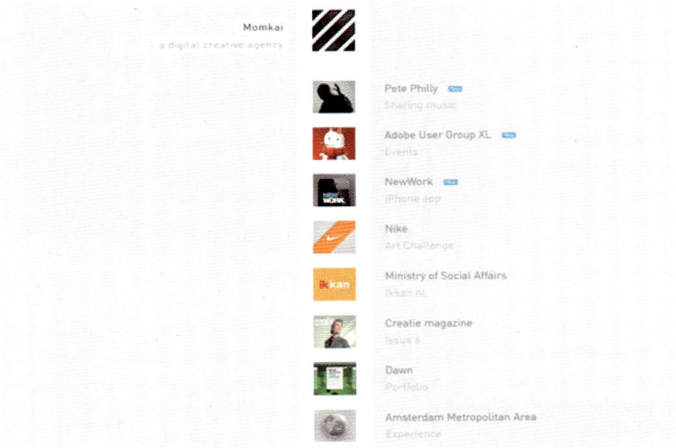

◆ 图1–26　某网页界面版式布局案例1

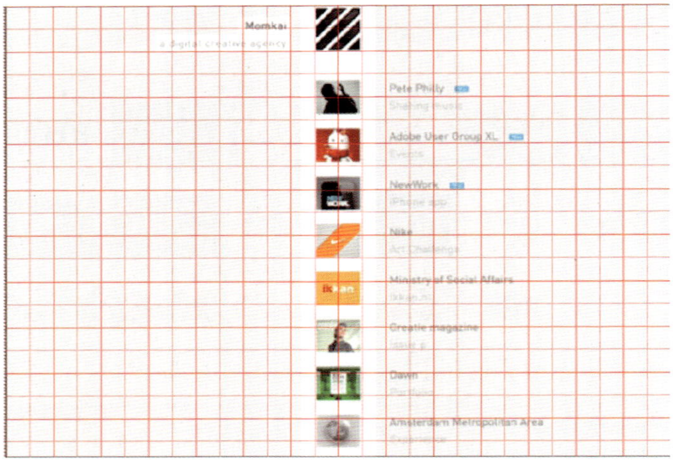

◆ 图1–27　案例1所示界面的基本网格（网格40px，子网格20px）

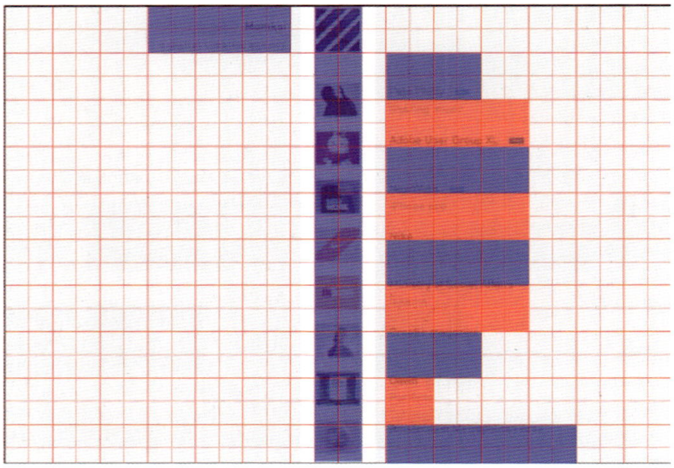

◆ 图1–28　案例1所示界面中基本网格的组合应用（网格40px，子网格20px）

◆ 图1–29　某网页界面版式布局案例2

◆ 图1–30　案例2所示界面的基本网格（网格40px，子网格10px）

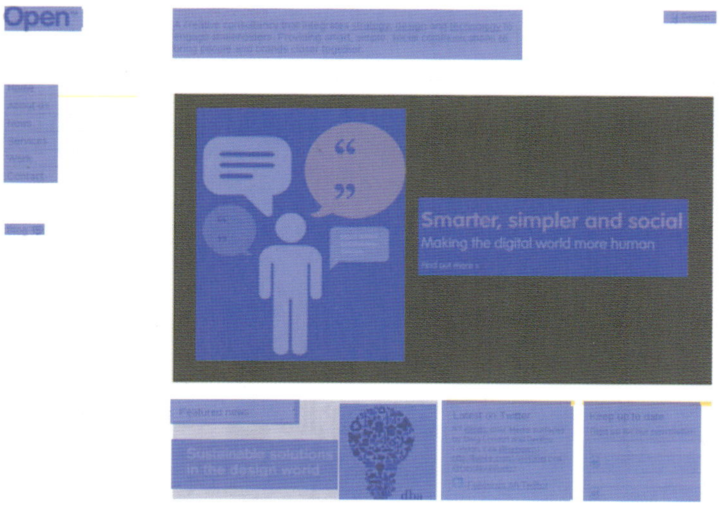

◆ 图1–31　案例2所示界面中基本网格的组合应用（网格40px，子网格10px）

1.3.2 网格布局案例分析

设计网页界面时，不仅规则的网页界面（视觉元素在水平与垂直方向对齐）在设计时使用网格，那些创意性网页界面、看似不规则的网页界面在设计时，也使用网格以及网格之间的联合，如图1-32至图1-37所示。

◆ 图1-32　某网页界面版式布局案例3

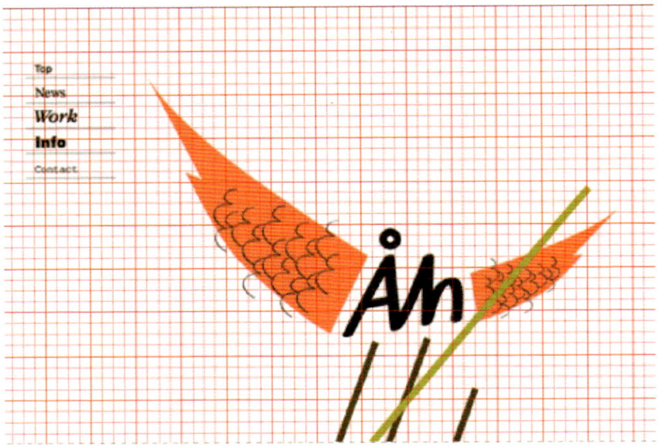

◆ 图1-33　案例3所示界面的基本网格（网格40px，子网格10px）

◆ 图1-34　案例3所示界面中基本网格的组合应用（网格40px，子网格10px）

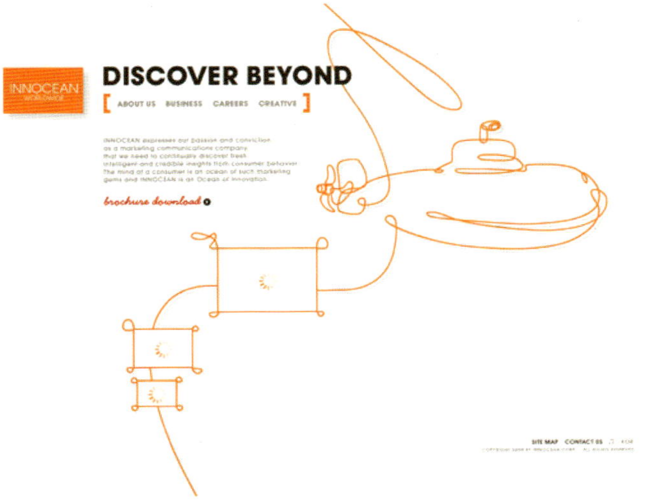

◆ 图1–35　某网页界面版式布局案例4

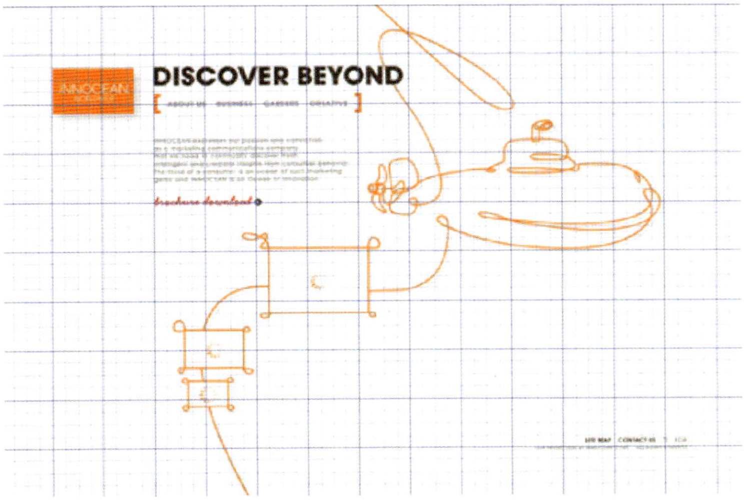

◆ 图1–36　案例4所示界面的基本网格（网格40px，子网格10px）

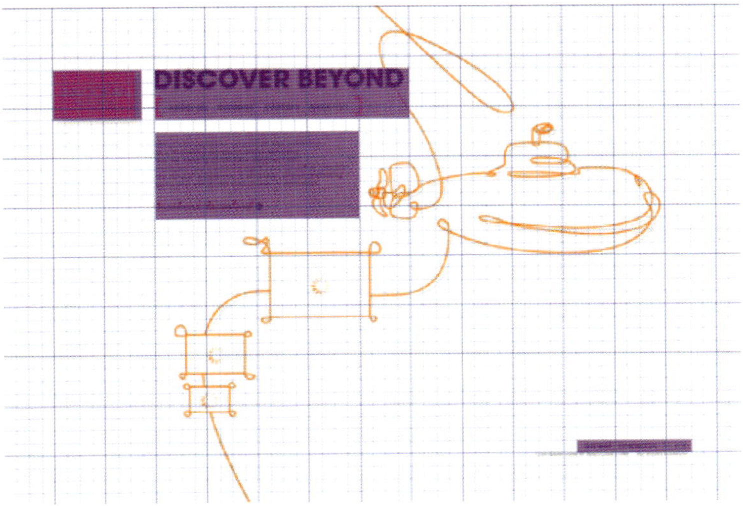

◆ 图1–37　案例4所示界面中基本网格的组合应用

网页设计 | WEB DESIGN

网页设计视觉语言

第二章

CHAPTER 2

网页是文字、色彩、图像、视频、音频、动画等多种元素构成的超文本。本章主要介绍网页设计中的视觉语言及其使用注意事项等问题。

2.1 字体

网页界面中视觉元素丰富多彩，视觉信息可以通过不同的媒介进行传达，但是文字依然是网页设计中不可缺少的视觉元素。

2.1.1 字号设置

文字大小可以使用不同的方式来计算，常用的单位有点（Point）或像素（Pixel）。最适合于阅读的网页正文字体大小为12点左右（1点=4/3像素），以像素为单位则为16px，其大小相当于中文“小四”号字体的大小。

在网页设计时，不同的内容可以设置不同的字号大小，这个可以依据网页界面的设计效果图去设置，但是一定要注意：

①网页字体最小不能小于12px（9点），小于该数值，则浏览器会自动将其转换为12px的大小。

②网页字体的设置为偶数，从小到大依次为：12px，14px，16px，18px，20px，…。

③一般正文字体用16px（12点），一些辅助信息（如页脚）用12px（9点），标题使用大号的字号。

④小号字体在排版时，容易营造整体性和精致感，但阅读性较差。大号字体容易营造瞩目度，但整体感差。

2.1.2 文字版式

网页界面中文字需要排版，这是营造网页界面秩序感、简洁性的必要手段。

常用的方式有块面化、容器化。

段落文字被转化为块面，或者将其置于特定的“容器”中，如图2-1。

◆ 图2–1 网页界面中文字的排版

图2-1中“手机界面”是套装文字的容器，其他被整齐排列的段落文字在视觉心理上，都会将其看作一个“块面”。文字位置的精心安排使得这个网页界面严谨理性，同时也具有很强的视觉空间层次。

在文字排版时，需要注意以下事项：

①文字的行间距：一般不小于10:12，即字号大小10点的字体，其行间距不小于12点。行间距过小，则会导致人们阅读时“跳行”，不利于阅读；行间距过大，则文字会“独立成行”，不能形成“块面化”的效果。一般段落文字行间距不大于1.5倍。对于标题文字以及需要独立成行的文字，则不必要考虑这个限制。

②一个网页界面，其中使用的字体种类不易过多，不要超过三种字体。字体种类太多，容易造成设计风格的冲突，以及设计的难度。

③在选择字体时，需要考虑字体的性格特征。如粗体字强壮有力，有男性特点，适合机械、建筑业等内容；细体字高雅细致，有女性特点，更适合服装、化妆品、食品等行业的内容。在选择字体时，依据网页所反映的内容，选择最合适的字体。

④对于某些不常用的字体或者反映企业文化特征的标准字体，一般可以将其进行图形化处理，即在图形软件中，将其转换为图像格式，常常使用“jpeg”“gif”。

2.1.3 安全字体

网页通过网络最终呈现于千千万万的电脑前。由于电脑系统的不同、安装浏览器以及版本的不同，网页不一定能够完全按照设想呈现。在使用者个人电脑中安装的浏览器中没有网页中所用的字体的情况下，字体会被浏览器默认的字体类型所替代。不同类型的字体在设置相同大小字号的情况下，其实际大小不同、行间距不同、字间距不同，视觉感受完全不同。为了设计意图的完美呈现，尽可能地使用安全字体。所有个人电脑中都安装的字体，称为安全字体。

Font-Family属性是多种字体的名称，作为一个“应变”制度，以确保浏览器、操作系统之间的最大兼容性。如果浏览器不支持网页所设计的字体，它自动尝试下一个字体。想要的字体类型如果浏览器找不到，它会从通用的字体类型中找到相似的。

可以使用如下代码：p{font-family: "Times New Roman", Times, serif; }

表2-1至2-4为一些常用的字体组合，通用的字体系列。

表2-1　Serif 字体（数据来源：http://www.runoob.com/cssref/css-websafe-fonts.html）

字体	文本示例
Georgia, serif	**This is a heading**
"Palatino Linotype", "Book Antiqua", Palatino, serif	**This is a heading**
"Times New Roman", Times, serif	**This is a heading**

表2-2　Sans - Serif 字体（数据来源：http://www.runoob.com/cssref/css-websafe-fonts.html）

字体	文本示例
Arial, Helvetica, sans-serif	**This is a heading**
Arial Black, Gadget, sans-serif	**This is a heading**
"Comic Sans MS", cursive, sans-serif	**This is a heading**
Impact, Charcoal, sans-serif	**This is a heading**
"Lucida Sans Unicode", "Lucida Grande", sans-serif	This is a heading
Tahoma, Geneva, sans-serif	**This is a heading**
"Trebuchet MS", Helvetica, sans-serif	This is a heading
Verdana, Geneva, sans-serif	**This is a heading**

表2-3　Monospace 字体（数据来源：http://www.runoob.com/cssref/css-websafe-fonts.html）

字体	文本示例
"Courier New", Courier, monospace	**This is a heading**
"Lucida Console", Monaco, monospace	This is a heading

表 2-4　中文安全字体（数据源于：https://www.cnblogs.com/dhcn/p/7105626.html）

中文名	英文名	Unicode
Mac OS		
华文细黑	STHeiti Light [STXihei]	\534E\6587\7EC6\9ED1
华文黑体	STHeiti	\534E\6587\9ED1\4F53
华文楷体	STKaiti	\534E\6587\6977\4F53
华文宋体	STSong	\534E\6587\5B8B\4F53
华文仿宋	STFangsong	\534E\6587\4EFF\5B8B
标楷体	BiauKai	\6807\6977\4F53
苹果丽中黑	Apple LiGothic Medium	\82F9\679C\4E3D\4E2D\9ED1
苹果丽细宋	Apple LiSung Light	\82F9\679C\4E3D\7EC6\5B8B
Windows		
新细明体	PMingLiU	\65B0\7EC6\660E\4F53
细明体	MingLiU	\7EC6\660E\4F53
标楷体	DFKai-SB	\6807\6977\4F53
黑体	SimHei	\9ED1\4F53
宋体	SimSun	\5B8B\4F53
新宋体	NSimSun	\65B0\5B8B\4F53
仿宋	FangSong	\4EFF\5B8B
楷体	KaiTi	\6977\4F53
仿宋 _GB2312	FangSong_GB2312	\4EFF\5B8B_GB2312
楷体 _GB2312	KaiTi_GB2312	\6977\4F53_GB2312
微软雅黑	Microsoft YaHei	\5FAE\8F6F\96C5\9ED1
Office		
隶书	LiSu	\96B6\4E66
幼圆	YouYuan	\5E7C\5706
华文细黑	STXihei	\534E\6587\7EC6\9ED1
华文楷体	STKaiti	\534E\6587\6977\4F53
华文宋体	STSong	\534E\6587\5B8B\4F53
华文中宋	STZhongsong	\534E\6587\4E2D\5B8B
华文仿宋	STFangsong	\534E\6587\4EFF\5B8B
方正舒体	FZShuTi	\65B9\6B63\8212\4F53
方正姚体	FZYaoti	\65B9\6B63\59DA\4F53

续表 2-4

中文名	英文名	Unicode
华文彩云	STCaiyun	\534E\6587\5F69\4E91
华文琥珀	STHupo	\534E\6587\7425\73C0
华文隶书	STLiti	\534E\6587\96B6\4E66
华文行楷	STXingkai	\534E\6587\884C\6977
华文新魏	STXinwei	\534E\6587\65B0\9B4F

2.2 色彩

2.2.1 网页色彩模式

网页设计使用RGB色彩模式。RGB色彩就是常说的色光的三原色，其原理是使用三种原色分量的多少进行叠加，生成需要的各种色彩，被称为加色混合。R代表Red(红色)，G代表Green(绿色)，B代表Blue(蓝色)。自然界中肉眼所能看到的任何色彩理论上都可以由这三种色彩混合叠加而成，它被广泛地用于我们的生活中，如电视机、计算机显示屏、幻灯片等电子设备的显示。

计算机定义颜色时R、G、B三种成分的取值范围是0~255，0表示没有刺激量，255表示刺激量达最大值。R、G、B均为255时就合成了白光，R、G、B均为0时就形成了黑色，当两色分别叠加时，将得到不同的“C、M、Y”颜色。

2.2.2 网页安全色及设计参考

网页安全色是指能在所有电脑显示器上正常显示的颜色。目前的电脑显示器都能使用24位或32位深度的视频卡，因此一般情况下不需要担心设计的色彩不能够被正常显示，但是如果在电脑只有8位深度的视频卡的情况下，安全色只有216个。在各种设计软件中，均可以找到“WEB色”，只需要选择“WEB”色即可。

在网页设计时，尤其是在编写HTML编码时，需要使用色彩的名称来代替实际的色彩，表2-5提供了一些网页设计色彩，以供大家设计时参考。

表 2-5 网页设计色彩（效果、RGB 以及 16 位标注）

色彩色相	R.G.B值	16位标注	色彩色相	R.G.B值	16位标注
	255 250 250	#FFFAFA		187 255 255	#BBFFFF
	248 248 255	#F8F8FF		174 238 238	#AEEEEE
	245 245 245	#F5F5F5		150 205 205	#96CDCD
	220 220 220	#DCDCDC		102 139 139	#668B8B
	255 250 240	#FFFAF0		152 245 255	#98F5FF
	253 245 230	#FDF5E6		142 229 238	#8EE5EE
	250 240 230	#FAF0E6		122 197 205	#7AC5CD
	250 235 215	#FAEBD7		83 134 139	#53868B
	255 239 213	#FFEFD5		0 245 255	#00F5FF
	255 235 205	#FFEBCD		0 229 238	#00E5EE
	255 228 196	#FFE4C4		0 197 205	#00C5CD
	255 218 185	#FFDAB9		0 134 139	#00868B
	255 222 173	#FFDEAD		0 255 255	#00FFFF
	255 228 181	#FFE4B5		0 238 238	#00EEEE
	255 248 220	#FFF8DC		0 205 205	#00CDCD
	255 255 240	#FFFFF0		0 139 139	#008B8B
	255 250 205	#FFFACD		151 255 255	#97FFFF
	255 245 238	#FFF5EE		141 238 238	#8DEEEE
	240 255 240	#F0FFF0		121 205 205	#79CDCD
	245 255 250	#F5FFFA		82 139 139	#528B8B
	240 255 255	#F0FFFF		127 255 212	#7FFFD4
	240 248 255	#F0F8FF		118 238 198	#76EEC6
	230 230 250	#E6E6FA		102 205 170	#66CDAA
	255 240 245	#FFF0F5		69 139 116	#458B74
	255 228 225	#FFE4E1		193 255 193	#C1FFC1
	255 255 255	#FFFFFF		180 238 180	#B4EEB4
	0 0 0	#000000		155 205 155	#9BCD9B
	47 79 79	#2F4F4F		105 139 105	#698B69
	105 105 105	#696969		84 255 159	#54FF9F
	112 128 144	#708090		78 238 148	#4EEE94

续表 2-5

色彩色相	R.G.B值	16位标注	色彩色相	R.G.B值	16位标注
	119 136 153	#778899		67 205 128	#43CD80
	190 190 190	#BEBEBE		46 139 87	#2E8B57
	211 211 211	#D3D3D3		154 255 154	#9AFF9A
	25 25 112	#191970		144 238 144	#90EE90
	0 0 128	#000080		124 205 124	#7CCD7C
	100 149 237	#6495ED		84 139 84	#548B54
	72 61 139	#483D8B		0 255 127	#00FF7F
	106 90 205	#6A5ACD		0 238 118	#00EE76
	123 104 238	#7B68EE		0 205 102	#00CD66
	132 112 255	#8470FF		0 139 69	#008B45
	0 0 205	#0000CD		0 255 0	#00FF00
	65 105 225	#4169E1		0 238 0	#00EE00
	0 0 255	#0000FF		0 205 0	#00CD00
	30 144 255	#1E90FF		0 139 0	#008B00
	0 191 255	#00BFFF		127 255 0	#7FFF00
	135 206 235	#87CEEB		118 238 0	#76EE00
	135 206 250	#87CEFA		102 205 0	#66CD00
	70 130 180	#4682B4		69 139 0	#458B00
	176 196 222	#B0C4DE		192 255 62	#C0FF3E
	173 216 230	#ADD8E6		179 238 58	#B3EE3A
	176 224 230	#B0E0E6		154 205 50	#9ACD32
	175 238 238	#AFEEEE		105 139 34	#698B22
	0 206 209	#00CED1		202 255 112	#CAFF70
	72 209 204	#48D1CC		188 238 104	#BCEE68
	64 224 208	#40E0D0		162 205 90	#A2CD5A
	0 255 255	#00FFFF		110 139 61	#6E8B3D
	224 255 255	#E0FFFF		255 246 143	#FFF68F
	95 158 160	#5F9EA0		238 230 133	#EEE685
	102 205 170	#66CDAA		205 198 115	#CDC673
	127 255 212	#7FFFD4		139 134 78	#8B864E
	0 100 0	#006400		255 236 139	#FFEC8B

续表2-5

色彩色相	R.G.B值	16位标注	色彩色相	R.G.B值	16位标注
	85 107 47	#556B2F		238 220 130	#EEDC82
	143 188 143	#8FBC8F		205 190 112	#CDBE70
	46 139 87	#2E8B57		139 129 76	#8B814C
	60 179 113	#3CB371		255 255 224	#FFFFE0
	32 178 170	#20B2AA		238 238 209	#EEEED1
	152 251 152	#98FB98		205 205 180	#CDCDB4
	0 255 127	#00FF7F		139 139 122	#8B8B7A
	124 252 0	#7CFC00		255 255 0	#FFFF00
	0 255 0	#00FF00		238 238 0	#EEEE00
	127 255 0	#7FFF00		205 205 0	#CDCD00
	0 250 154	#00FA9A		139 139 0	#8B8B00
	173 255 47	#ADFF2F		255 215 0	#FFD700
	50 205 50	#32CD32		238 201 0	#EEC900
	154 205 50	#9ACD32		205 173 0	#CDAD00
	34 139 34	#228B22		139 117 0	#8B7500
	107 142 35	#6B8E23		255 193 37	#FFC125
	189 183 107	#BDB76B		238 180 34	#EEB422
	238 232 170	#EEE8AA		205 155 29	#CD9B1D
	250 250 210	#FAFAD2		139 105 20	#8B6914
	255 255 224	#FFFFE0		255 185 15	#FFB90F
	255 255 0	#FFFF00		238 173 14	#EEAD0E
	255 215 0	#FFD700		205 149 12	#CD950C
	238 221 130	#EEDD82		139 101 8	#8B658B
	218 165 32	#DAA520		255 193 193	#FFC1C1
	184 134 11	#B8860B		238 180 180	#EEB4B4
	188 143 143	#BC8F8F		205 155 155	#CD9B9B
	205 92 92	#CD5C5C		139 105 105	#8B6969
	139 69 19	#8B4513		255 106 106	#FF6A6A
	160 82 45	#A0522D		238 99 99	#EE6363
	205 133 63	#CD853F		205 85 85	#CD5555
	222 184 135	#DEB887		139 58 58	#8B3A3A

续表2-5

色彩色相	R.G.B值	16位标注	色彩色相	R.G.B值	16位标注
	245 245 220	#F5F5DC		255 130 71	#FF8247
	245 222 179	#F5DEB3		238 121 66	#EE7942
	244 164 96	#F4A460		205 104 57	#CD6839
	210 180 140	#D2B48C		139 71 38	#8B4726
	210 105 30	#D2691E		255 211 155	#FFD39B
	178 34 34	#B22222		238 197 145	#EEC591
	165 42 42	#A52A2A		205 170 125	#CDAA7D
	233 150 122	#E9967A		139 115 85	#8B7355
	250 128 114	#FA8072		255 231 186	#FFE7BA
	255 160 122	#FFA07A		238 216 174	#EED8AE
	255 165 0	#FFA500		205 186 150	#CDBA96
	255 140 0	#FF8C00		139 126 102	#8B7E66
	255 127 80	#FF7F50		255 165 79	#FFA54F
	240 128 128	#F08080		238 154 73	#EE9A49
	255 99 71	#FF6347		205 133 63	#CD853F
	255 69 0	#FF4500		139 90 43	#8B5A2B
	255 0 0	#FF0000		255 127 36	#FF7F24
	255 105 180	#FF69B4		238 118 33	#EE7621
	255 20 147	#FF1493		205 102 29	#CD661D
	255 192 203	#FFC0CB		139 69 19	#8B4513
	255 182 193	#FFB6C1		255 48 48	#FF3030
	219 112 147	#DB7093		238 44 44	#EE2C2C
	176 48 96	#B03060		205 38 38	#CD2626
	199 21 133	#C71585		139 26 26	#8B1A1A
	208 32 144	#D02090		255 64 64	#FF4040
	255 0 255	#FF00FF		238 59 59	#EE3B3B
	238 130 238	#EE82EE		205 51 51	#CD3333
	221 160 221	#DDA0DD		139 35 35	#8B2323
	218 112 214	#DA70D6		255 140 105	#FF8C69
	186 85 211	#BA55D3		238 130 98	#EE8262
	153 50 204	#9932CC		205 112 84	#CD7054

续表 2-5

色彩色相	R.G.B值	16位标注	色彩色相	R.G.B值	16位标注
	148 0 211	#9400D3		139 76 57	#8B4C39
	138 43 226	#8A2BE2		255 160 122	#FFA07A
	160 32 240	#A020F0		238 149 114	#EE9572
	147 112 219	#9370DB		205 129 98	#CD8162
	216 191 216	#D8BFD8		139 87 66	#8B5742
	255 250 250	#FFFAFA		255 165 0	#FFA500
	238 233 233	#EEE9E9		238 154 0	#EE9A00
	205 201 201	#CDC9C9		205 133 0	#CD8500
	139 137 137	#8B8989		139 90 0	#8B5A00
	255 245 238	#FFF5EE		255 127 0	#FF7F00
	238 229 222	#EEE5DE		238 118 0	#EE7600
	205 197 191	#CDC5BF		205 102 0	#CD6600
	139 134 130	#8B8682		139 69 0	#8B4500
	255 239 219	#FFEFDB		255 114 86	#FF7256
	238 223 204	#EEDFCC		238 106 80	#EE6A50
	205 192 176	#CDC0B0		205 91 69	#CD5B45
	139 131 120	#8B8378		139 62 47	#8B3E2F
	255 228 196	#FFE4C4		255 99 71	#FF6347
	238 213 183	#EED5B7		238 92 66	#EE5C42
	205 183 158	#CDB79E		205 79 57	#CD4F39
	139 125 107	#8B7D6B		139 54 38	#8B3626
	255 218 185	#FFDAB9		255 69 0	#FF4500
	238 203 173	#EECBAD		238 64 0	#EE4000
	205 175 149	#CDAF95		205 55 0	#CD3700
	139 119 101	#8B7765		139 37 0	#8B2500
	255 222 173	#FFDEAD		255 0 0	#FF0000
	238 207 161	#EECFA1		238 0 0	#EE0000
	205 179 139	#CDB38B		205 0 0	#CD0000
	139 121 94	#8B795E		139 0 0	#8B0000
	255 250 205	#FFFACD		255 20 147	#FF1493
	238 233 191	#EEE9BF		238 18 137	#EE1289

续表 2–5

色彩色相	R.G.B值	16位标注	色彩色相	R.G.B值	16位标注
	205 201 165	#CDC9A5		205 16 118	#CD1076
	139 137 112	#8B8970		139 10 80	#8B0A50
	255 248 220	#FFF8DC		255 110 180	#FF6EB4
	238 232 205	#EEE8CD		238 106 167	#EE6AA7
	205 200 177	#CDC8B1		205 96 144	#CD6090
	139 136 120	#8B8878		139 58 98	#8B3A62
	255 255 240	#FFFFF0		255 181 197	#FFB5C5
	238 238 224	#EEEEE0		238 169 184	#EEA9B8
	205 205 193	#CDCDC1		205 145 158	#CD919E
	139 139 131	#8B8B83		139 99 108	#8B636C
	240 255 240	#F0FFF0		255 174 185	#FFAEB9
	224 238 224	#E0EEE0		238 162 173	#EEA2AD
	193 205 193	#C1CDC1		205 140 149	#CD8C95
	131 139 131	#838B83		139 95 101	#8B5F65
	255 240 245	#FFF0F5		255 130 171	#FF82AB
	238 224 229	#EEE0E5		238 121 159	#EE799F
	205 193 197	#CDC1C5		205 104 137	#CD6889
	139 131 134	#8B8386		139 71 93	#8B475D
	255 228 225	#FFE4E1		255 52 179	#FF34B3
	238 213 210	#EED5D2		238 48 167	#EE30A7
	205 183 181	#CDB7B5		205 41 144	#CD2990
	139 125 123	#8B7D7B		139 28 98	#8B1C62
	240 255 255	#F0FFFF		255 62 150	#FF3E96
	224 238 238	#E0EEEE		238 58 140	#EE3A8C
	193 205 205	#C1CDCD		205 50 120	#CD3278
	131 139 139	#838B8B		139 34 82	#8B2252
	131 111 255	#836FFF		255 0 255	#FF00FF
	122 103 238	#7A67EE		238 0 238	#EE00EE
	105 89 205	#6959CD		205 0 205	#CD00CD
	71 60 139	#473C8B		139 0 139	#8B008B
	72 118 255	#4876FF		255 131 250	#FF83FA

续表 2-5

色彩色相	R.G.B值	16位标注	色彩色相	R.G.B值	16位标注
	67 110 238	#436EEE		238 122 233	#EE7AE9
	58 95 205	#3A5FCD		205 105 201	#CD69C9
	39 64 139	#27408B		139 71 137	#8B4789
	0 0 255	#0000FF		255 187 255	#FFBBFF
	0 0 238	#0000EE		238 174 238	#EEAEEE
	0 0 205	#0000CD		205 150 205	#CD96CD
	0 0 139	#00008B		139 102 139	#8B668B
	30 144 255	#1E90FF		224 102 255	#E066FF
	28 134 238	#1C86EE		209 95 238	#D15FEE
	24 116 205	#1874CD		180 82 205	#B452CD
	16 78 139	#104E8B		122 55 139	#7A378B
	99 184 255	#63B8FF		191 62 255	#BF3EFF
	92 172 238	#5CACEE		178 58 238	#B23AEE
	79 148 205	#4F94CD		154 50 205	#9A32CD
	54 100 139	#36648B		104 34 139	#68228B
	0 191 255	#00BFFF		155 48 255	#9B30FF
	0 178 238	#00B2EE		145 44 238	#912CEE
	0 154 205	#009ACD		125 38 205	#7D26CD
	0 104 139	#00688B		85 26 139	#551A8B
	135 206 255	#87CEFF		171 130 255	#AB82FF
	126 192 238	#7EC0EE		159 121 238	#9F79EE
	108 166 205	#6CA6CD		137 104 205	#8968CD
	74 112 139	#4A708B		93 71 139	#5D478B
	176 226 255	#B0E2FF		255 225 255	#FFE1FF
	164 211 238	#A4D3EE		238 210 238	#EED2EE
	141 182 205	#8DB6CD		205 181 205	#CDB5CD
	96 123 139	#607B8B		139 123 139	#8B7B8B
	198 226 255	#C6E2FF		28 28 28	#1C1C1C
	185 211 238	#B9D3EE		54 54 54	#363636
	159 182 205	#9FB6CD		79 79 79	#4F4F4F
	108 123 139	#6C7B8B		105 105 105	#696969

续表 2-5

色彩色相	R.G.B值	16位标注	色彩色相	R.G.B值	16位标注
	202 225 255	#CAE1FF		130 130 130	#828282
	188 210 238	#BCD2EE		156 156 156	#9C9C9C
	162 181 205	#A2B5CD		181 181 181	#B5B5B5
	110 123 139	#6E7B8B		207 207 207	#CFCFCF
	191 239 255	#BFEFFF		232 232 232	#E8E8E8
	178 223 238	#B2DFEE		169 169 169	#A9A9A9
	154 192 205	#9AC0CD		0 0 139	#00008B
	104 131 139	#68838B		0 139 139	#008B8B
	224 255 255	#E0FFFF		139 0 139	#8B008B
	209 238 238	#D1EEEE		139 0 0	#8B0000
	122 139 139	#7A8B8B		144 238 144	#90EE90

2.2.3 网页色彩搭配

认知心理学研究结果发现：色彩在所有的视觉语言中，最能引起人们的注意，最能影响人们的心理。每一种颜色都具有自己的个性，都会产生不同的视觉感受与心理联想。基于这样的原理，在视觉传达设计中，总是利用色彩来暗示隐喻企业的文化与精神，利用色彩来塑造自己的品牌形象。

网页设计色彩搭配时，色彩的选择不能仅仅按照好看的标准进行选择，同时也应该考虑到所用色彩与网页内容和功能之间的关系。在网页设计时，色彩要求精简，在有限的颜色中利用色彩对比与和谐的原则进行色彩搭配，如图2-2至图2-6所示。

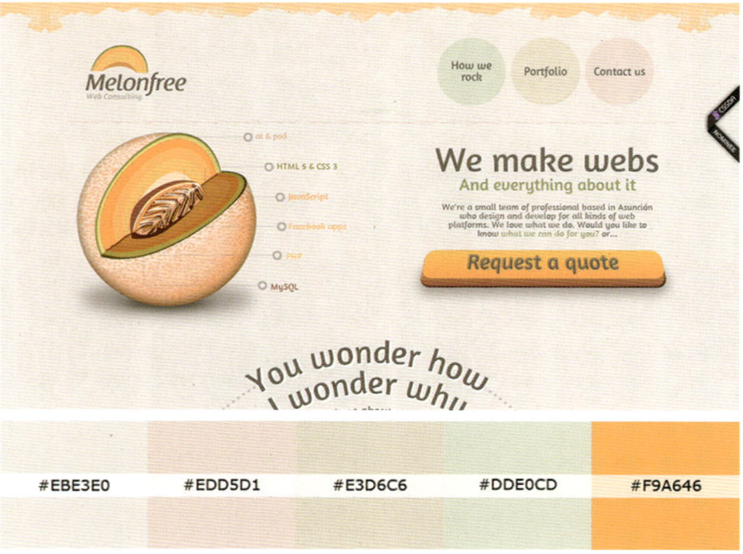

◆ 图2-2　网页界面搭配及使用色彩 案例1

图2-2中大面积的“#EBE3B0”作为背景，与“#EDD5D1”“#E3D6C6”“#DDE0CD”之间形成了色相的弱对比；“#F9A646”与其他色彩形成了中对比，由于所用色彩均属于暖色系中的色彩，所以网页界面具有温馨舒适的视觉心理感受。

图2-3中大面积的“#293E6A”“#3B5998”与“#639BF1”“#77BA9B”“#B6A754”形成了色相与面积的对比，网页界面显得和谐有序，同时也传递出一种理性的文化特质。

在网页界面色彩搭配时，通过企业或组织的文化特点选取一个主色彩，再以选取的主色彩为基础，选择2~3种类似色或者同类色。选取的主色以及类似色或同类色，可以大面积使用作为网页界面的主基调，最后选择1~2种对比色，作为使界面色彩活跃的搭配使用。如图2-4至图2-6所示。

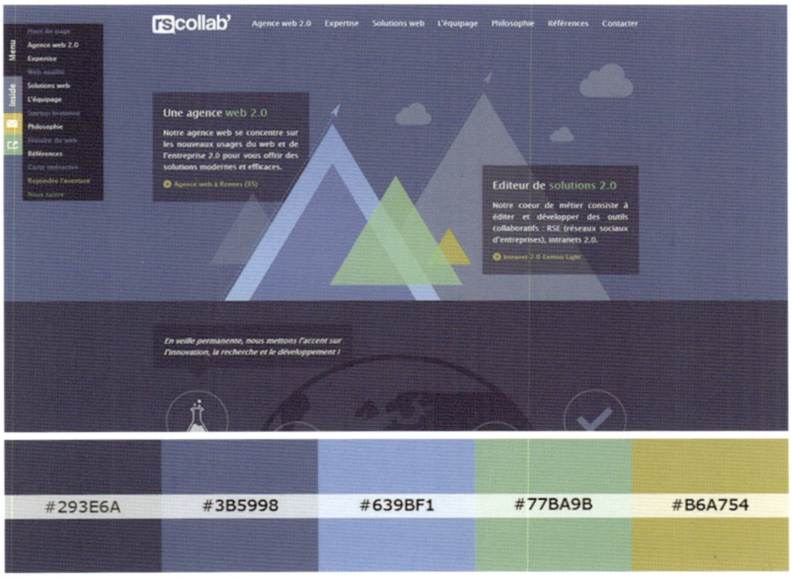

◆ 图2-3　网页界面搭配及使用色彩 案例2

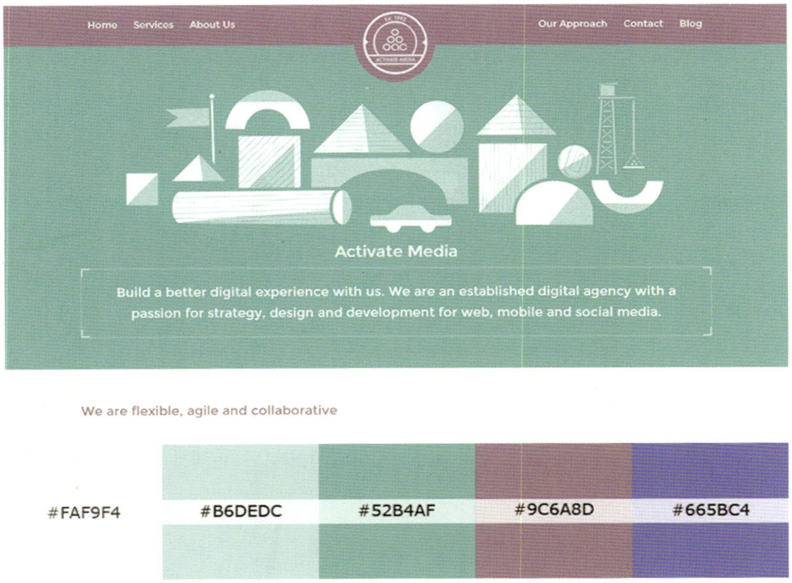

◆ 图2-4　网页界面搭配及使用色彩 案例3

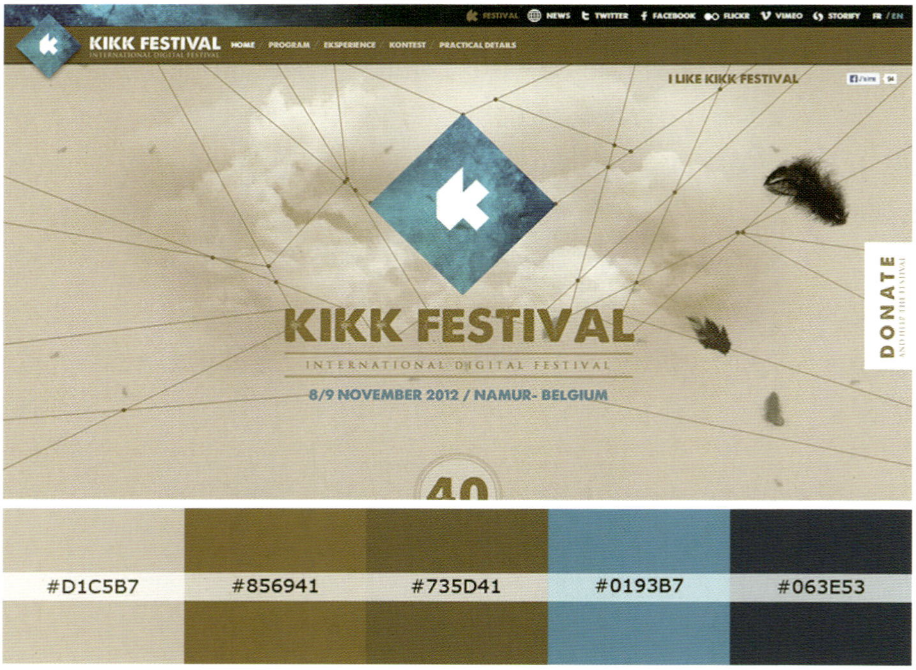

◆ 图2-5　网页界面搭配及使用色彩 案例4

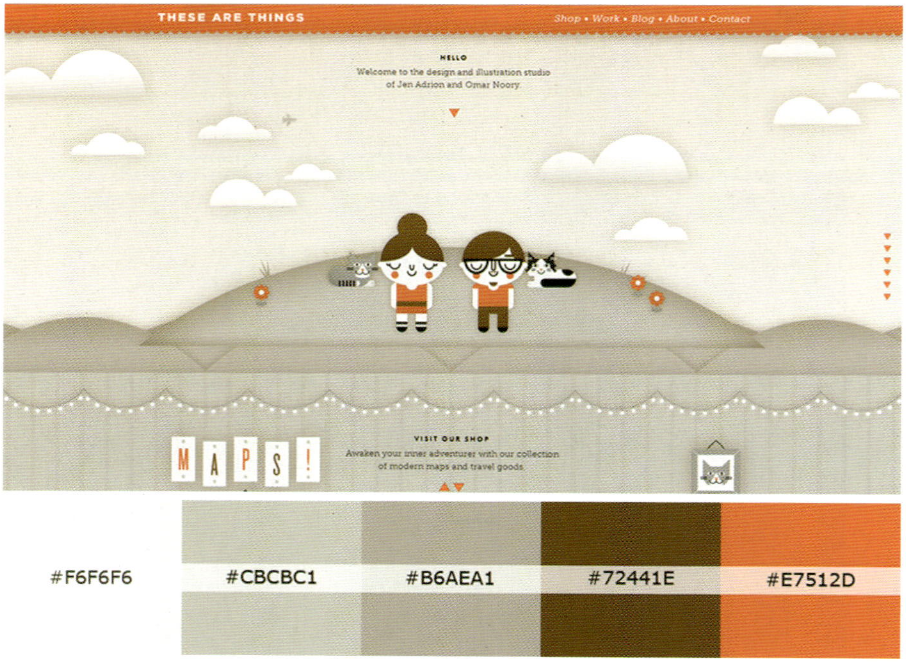

◆ 图2-6　网页界面搭配及使用色彩 案例5

图2-2至图2-6在界面色彩搭配时，均使用一个主色和2个同类辅助色，作为整个界面的主基调，再局部点缀1~2个对比色，活跃气氛。这种色彩的搭配最容易上手，也使得界面色彩最和谐。然而，并不是所有的网页界面都是如此搭配，有些网页界面需要强烈的色彩搭配来实现设计意图。如图2-7和图2-8所示。

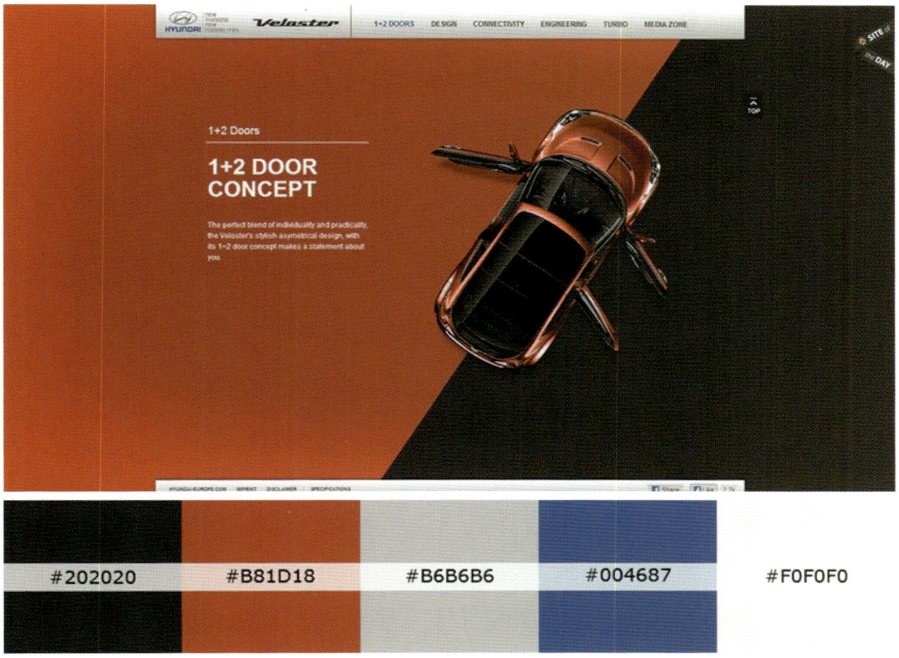

◆ 图2-7　网页界面搭配及使用色彩 案例6

◆ 图2-8　网页界面搭配及使用色彩 案例7

图2-7中“#B81D18”与“#202020”形成了色彩的强对比，使得整个界面极为热烈、活跃。这种色彩的选择源于网页反映的内容（车的主色），也反映了这款车的气质特征。

在网页界面强对比色彩搭配时，由于色彩的对比极强，所以很容易造成界面视觉上的混乱以及不适。一般可以使用稍微缩小对比色中另外一个的面积来调和这种紧张感。图2-7中“#202020”所占面积稍小。再如2-8所示的界面中，使用白色与灰色（衣服所在图像）打破“#003058”与“#F04C40”之间的强对比。

2.3 图像

在图像转向的时代，“读图”似乎成了更多人的选择。由于图像的直观性、形象性，越来越多的人更加喜欢通过图像去接受信息、去消费信息，而很多设计也通过图像来进行信息的传达。在网页设计中，图像具有如下特征及注意事项。

网页中使用的图像可以简单地分为矢量图（Vector）以及点阵图（Raster）两大类。

矢量图是根据几何特性绘制的图形，矢量可以是一个点或一条线，矢量图只能靠软件生成，文件占用内存空间较小，因为这种类型的图像文件包含独立的分离图像，可以自由无限制地重新组合。它的特点是放大后图像不会失真，与分辨率无关。矢量图由专门的软件进行设计与导出，打开矢量图需要专门的设计软件。所以网页界面中还是以点阵图为主。

点阵图也叫作“位图”“栅格图像”“像素图”。简单地说，是最小单位由像素构成的图，缩放会失真。构成位图的最小单位是像素，位图就是由像素阵列的排列来实现其显示效果的，每个像素有自己的颜色信息，在对位图图像进行编辑操作的时候，可操作的对象是每个像素，我们可以改变图像的色相、饱和度、明度，从而改变图像的显示效果。

常用的点阵图有以下几种格式：

①JPEG格式。这是网页中常用的图像模式，JPEG格式图像支持24位深度色彩，能够显示16777216种色彩，能够完美体现图像丰富的色调与明暗度的变化。

②GIF格式。GIF格式也是网页中常用的图像模式，其支持8位色彩深度，即可以显示256种色彩，不适合于摄影、风景等色彩丰富的图像。但是它适合于表现企业的标志与名称等。它支持透明背景。

③PNG格式。PNG格式图像在清晰度方面要比JPEG格式、GIF格式好，但是其所占空间要比JPEG格式、GIF格式大。PNG格式是为了替代GIF格式图像而开发的新技术，其支持24位深度以及透明背景。

网页界面中，图像可以作为背景、内容插头、广告、图像化文字等形式出现，如图2–9至图2–13所示。

◆ 图2–9　图像作为网页界面背景

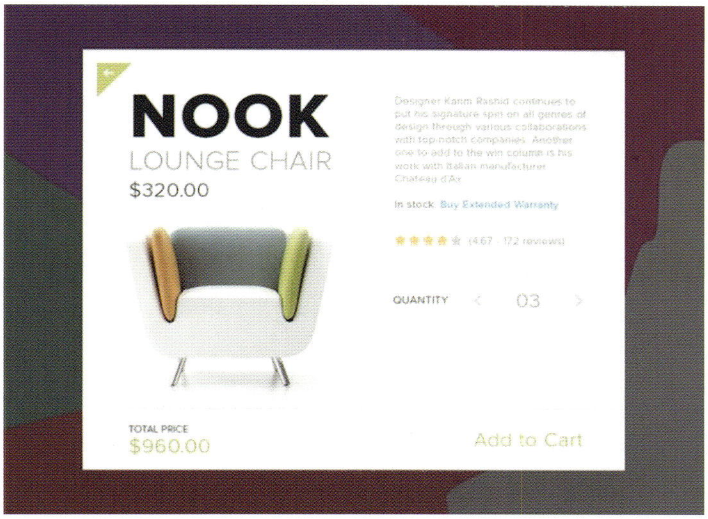

◆ 图2–10　图像作为网页界面中的内容插图

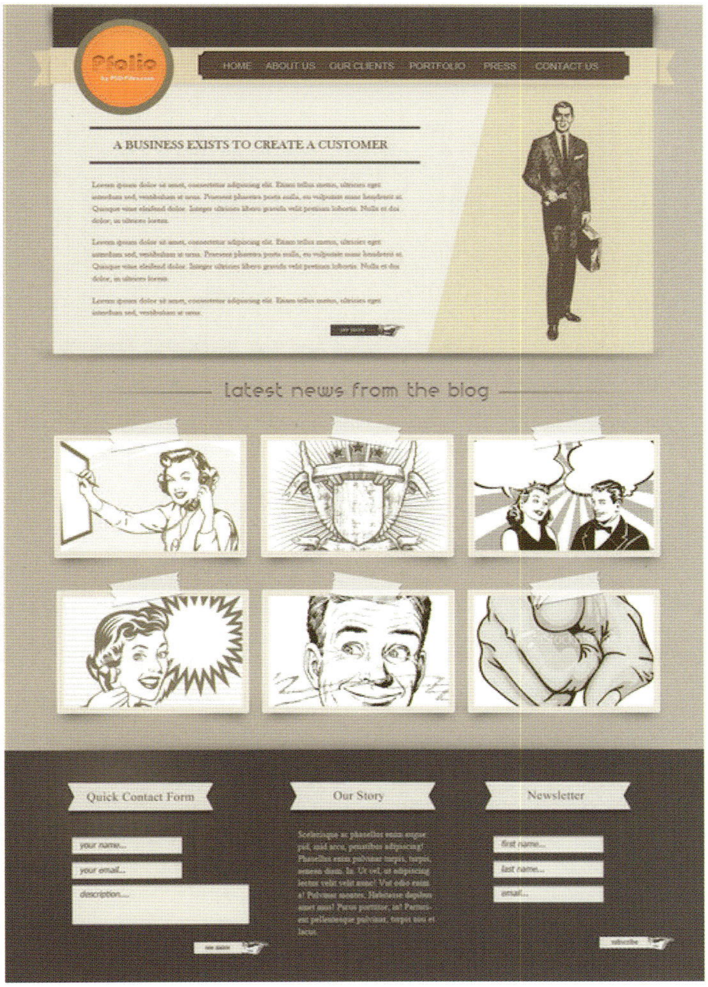

◆ 图2–11　图像作为网页界面中的内容插图

◆ 图2–12　图像作为网页界面中的内容插图

◆ 图2–13　网页界面中的“图形化文字”

2.4 网页媒体

网页中还常常包含视频、音频、动画等其他视觉元素。

2.4.1 视频

视频(Video)泛指将一系列静态影像以电信号的方式加以捕捉、记录、处理、储存、传送与重现的各种技术。连续的图像变化每秒超过24帧(frame)画面以上时，根据视觉暂留原理，人眼无法辨别单幅的静态画面，看上去是平滑连续的视觉效果，这样连续的画面叫作视频。网络技术的发达也促使视频的记录片段以串流媒体的形式存在于因特网之上并可被电脑接收与播放。

常用格式有：

①MPEG是“Motion Picture Experts Group”的缩写。这类格式包括了MPEG–1、MPEG–2 和MPEG–4在内的多种视频格式。

②AVI(“Audio Video Interleaved”的缩写)是由Microsoft公司推出的视频音频交错格式，是一种桌面系统上的低成本、低分辨率的视频格式。它的一个重要的特点是具有可伸缩性，性能依赖于硬件设备。它的优点是可以跨多个平台使用，缺点是占用空间大。

③MOV格式，是Apple公司用于Mac计算机上的一种图像视频处理软件。Quick–Time提供了两种标准图像和数字视频格式，即可以支持静态的PIC和JPG图像格式。

2.4.2 动画

动画的概念不同于一般意义上的动画片，动画是一种综合艺术，它是集合了绘画、漫画、电影、数字媒体、摄影、音乐、文学等众多艺术门类于一身的艺术表现形式。

常用格式有GIF、SWF。

①GIF图像由于采用了无损数据压缩方法中压缩率较高的LZW算法，文件尺寸较小，因此被广泛采用。

②SWF格式是Flash矢量动画的格式，它采用曲线方程描述其内容，不是由点阵组成内容，因此这种格式的动画在缩放时不会失真，非常适合描述由几何图形组成的动画。由于这种格式的动画可以与HTML文件充分结合，并能添加MP3音乐，因此被广泛地应用于网页上，成为一种“准”流式媒体文件。

2.4.3 音频

音频不属于视觉媒体的范畴，但是其也是网页设计中重要的构成元素。其优点在于：不占据网页的界面，制作方便，可以在网站单独播放。

常用的格式有：

①WMA (Windows Media Audio) 格式音质要强于MP3格式，更远胜于RA格式，它以减少数据流量但保持音质的方法来达到比MP3压缩率更高的目的。WMA的另一个优点是内容提供商可以通过DRM(Digital Rights Management)方案加入防拷贝保护。

②APE是数字音乐文件格式之一。与MP3这类有损压缩方式不同，APE是一种无损压缩音频技术，将从音频CD上读取的音频数据文件压缩成APE格式后，可以再将APE格式的文件还原，而还原后的音频文件与压缩前的一模一样，没有任何损失。

③MP3（Moving Picture Experts Group Audio Layer Ⅲ）是一种音频压缩技术。它被设计用来大幅度地降低音频数据量。用MP3形式存储的音乐就叫作MP3音乐。

网页设计 | WEB DESIGN

网页设计视觉原理

第三章

CHAPTER 3

相对于传统媒体，网页是一种新的媒介，其可以包含文字、图形、图像、色彩、视频、音频、动画等多元信息，是一种超级文本。网页所具有的便捷性、迅速性、受众广等优势，使其在短短的十几年中遍布全球。但是不论其使用的技术多么超前，支持的数据库多么庞大，其最终依然主要以视觉的方式进行信息的传达与交互，其依然遵循着视觉传达的基本原理。网页设计主要遵循以下视觉原理。

3.1 秩序

格式塔心理学研究结果发现：人们在认知事物时总是将接收到的视觉信息按照位置、形状、大小、色彩、肌理等方面进行归纳简化，从而对其进行识别与记忆，而不是记住接收到信息的方方面面。这一方面降低了信息识别的准确度，但同时也提高了信息接收的速度。当人们对接收到的信息能够快速进行简化并识别时，信息接收者的心理是愉悦的、兴奋的。相反，则感到沮丧、烦躁。也就是说，在网页的界面设计时，要考虑到用户的体验感受。能够让用户流连忘返的网页一定是具有很强秩序感的网页。营造秩序感的法则有以下几个方面。

3.1.1 相似

相似的视觉元素之间具有一定的关联性，关联性越高，则彼此之间的“距离”感越小，越容易在视觉心理中将其划分为一个视觉单元。相似的设计原理在网页设计中极为常见，是营造网页秩序感的重要手段。以主栏目导航的设计为例，通过统一的设计能使名称不同、数字不同、图表符号也不同的主栏目导航按钮之间具有相似的视觉感受，我们称之为一组导航按钮。

相似的根本目的是实现元素之间的组织性，让用户对页面结构和信息层次一目了然。示例如图3-1所示。

图3-1通过色彩与形状的相似性，使得这个网页呈现极强的秩序感。

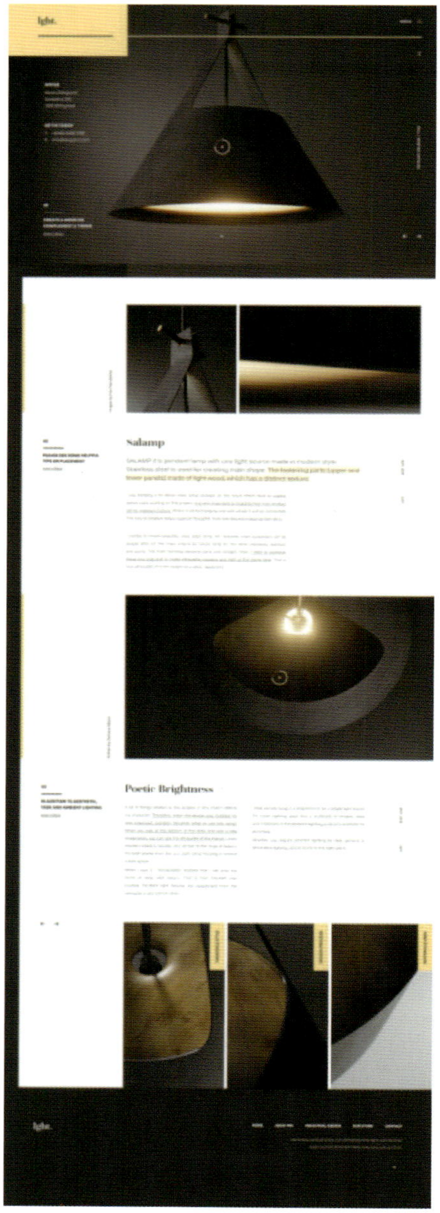

◆ 图3-1　色彩与形状的相似性

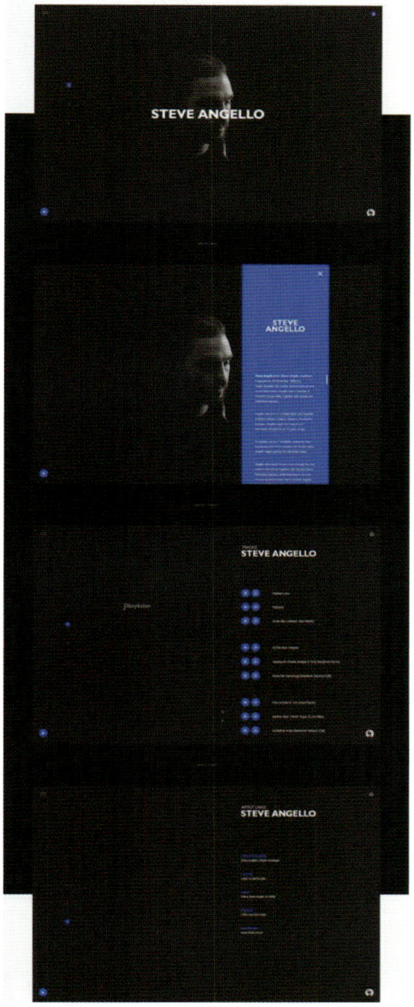

◆ 图3-2 色彩与位置的相似性

相似性设计原理不仅可以应用在视觉元素的色彩、形状、大小等特征方面，也适用于视觉元素所在位置的设置上，如图3-2所示。

◆ 图3-3 形状的相似性

在网页设计中，无论是视觉元素的位置、大小、形状、色彩还是其他视觉要素，只要是在某一个或者若干个特征方面相似度越高，越容易营造网页界面的秩序感。

尤其是网页界面中需要表现的视觉信息极为庞杂时，相似设计原理更重要。可以借助于视觉信息外形的相似性实现，如图3-3和图3-4所示。

◆ 图3-4 形状的相似性

3.1.2 相近

相近也可以称为邻近。相近的设计原理是指网页界面中元素彼此之间的空间距离靠近程度。在人们视觉感知事物的过程中，对于在空间上彼此接近的元素，在视

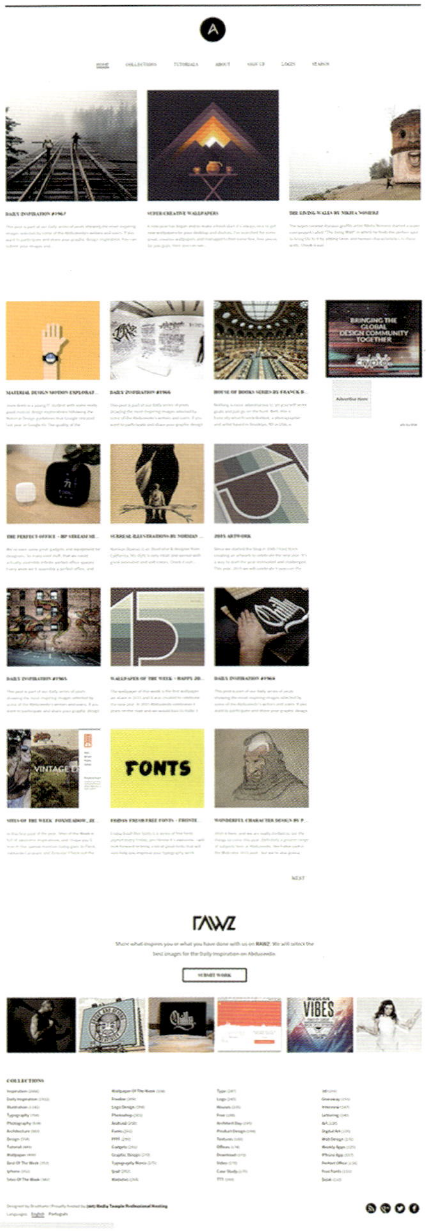

◆ 图3–5　网页元素相近设计原理案例（1）

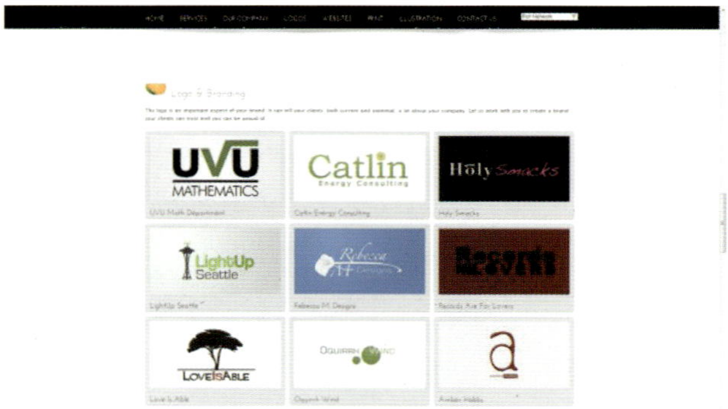

◆ 图3–6　网页元素相近设计原理案例（2）

觉心理上很容易将其看作一个视觉单位。越是接近其组合性越强，反之则对比感越强。当相近与相似原理组合使用时，网页界面的秩序效果更加明显，如图3–5和图3–6所示。

图3–5中由于元素在空间位置上的排列方式，很容易在心理上将其看作由“上”“中”“下”三个部分组成。由于各种元素在排列时严格遵循对齐原理，整个网页界面显得极为整齐有序、干净利落。图3–6中相同的银灰色背景将9个大小各异、色彩有别、形状不同的标志统一为一个完整的视觉单元。

3.1.3 重复

在网页设计时，相同的视觉元素反复出现，可以有效地营造出界面的“同一性”。重复不仅可以有效降低用户的学习成本，也可以帮助用户识别出这些元素之间的关联性，如图3–7至图3–9所示。

重复的视觉设计原理是指视觉元素在形象特征以及构成关系上的反复运用。视觉元素在色彩、形状、线条、肌理、方向、位置、题材以及设计风格的相同处理，均会构成重复。这是营造网页秩序感的重要视觉原理之一。

如图3–7中，圆形与同一曲线的反复出现，使得这个网页界面具有很强的秩序感、整体感。同时黄色视觉元素的重复出现，使得界面具有很强的瞩目度。

◆ 图3–7　网页界面中视觉元素的重复

◆ 图3–8　网页界面设计中视觉元素的重复以及设计手法的重复

◆ 图3–9　网页界面设计中视觉元素的重复以及设计手法的重复

图3–8、图3–9两个界面中，背景、形状以及设计手法的重复，使得界面整体划一、秩序感强，同时也给人暗示，两个界面之间有很强的内在关联性，是同一网站的不同页面。

3.1.4 对齐

在网页设计中，对齐是指将网页中的视觉元素按照某一规律，进行整齐地排列。对齐视觉原理，是重复、相似与相近的延续，其可以很好地创作出和谐的视觉元素的组合关系，在网页界面设计中运用极为广泛，几乎在绝大多数网页界面的设计中，均可以找到对齐原理的应用。在网页界面设计中，将元素进行对齐，既符合用户的认知特性，也能引导视觉流向，让用户更流畅地接收信息。

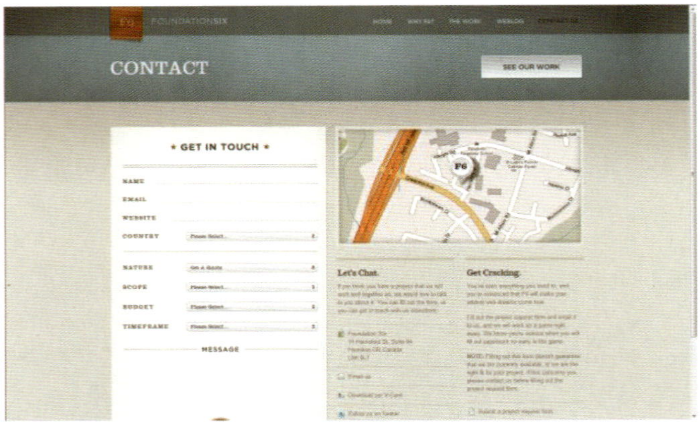

◆ 图3–10　网页界面设计中的对齐原理

如图3–10所示菜单栏文字采用了底部对齐的样式，内容区中左侧表单以及右侧图像以及文字均使用左对齐的样式，使得整体网页界面具有很强的秩序感，同时也使得网页具有简洁的视觉感受以及平易近人的心理感受。

网页界面设计中，当运用的视觉元素差异性很大时，使用对齐视觉原理的过程中还可以借助添加相似的背景或者添加相同的外框等手段，使其整体感更强。如图3–11、图3–12所示网页界面中，使用的图像在视觉上具有很大的差异，如果形状统一、大小不统一，则很难营造界面的秩序感、简洁性。图3–11、图3–12在使用相似、相近的视觉原理的基础上，使用对齐原理，使得界面具有很好的视觉效果。

很难想象图3–13所示的网页界面中，如果不使用对齐视觉原理，如何去经营这个界面。

◆ 图3–11　网页界面视觉元素的对齐

◆ 图3–12　网页界面中视觉元素的对齐

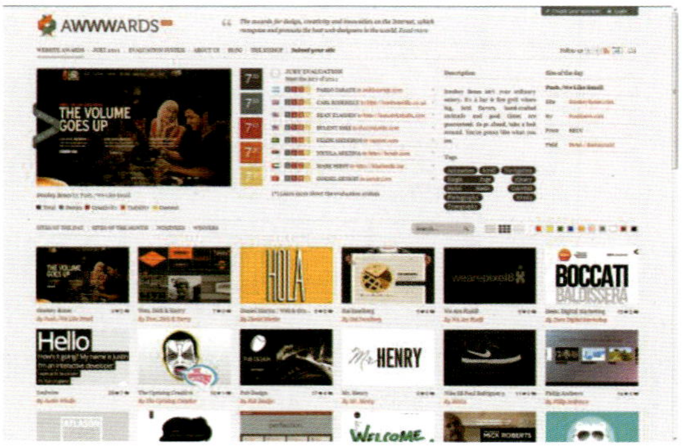

◆ 图3–13　网页界面中对齐原理的运用

3.1.5 平衡

平衡是一种基于生活经验的视觉美学原理。我们生活中见到的事物绝大多数在视觉上保持着平衡的关系。这种关系不仅存在于生活中，同时也大量存在于人们的审美认知中、艺术作品中。平衡的设计原理，可以分为对称式与非对称式。对称式平衡是指沿着某一条中线，两侧的视觉元素在色彩、大小、位置、肌理等视觉特征上，保持完全的一致。非对称式平衡是指某条中线两侧的视觉元素在色彩、大小、位置、肌理等视觉特征上存在一定的变化，但是总体上给人以分量基本相等的感受，如图3–14、图3–15。

因为网页信息的庞杂性，严格的对称式网页界面布局相对少见。这种网页界面的布局样式，具有极强的庄重感、信任感，同时也具有古板的视觉与心理感受。在绝大多数网页界面中使用非对称式的界面布局样式。图3–14、图3–15由于中线左右两侧的视觉元素在分量上感觉形同，但构成元素的不同使得界面舒适宜人，具有一定的生气。

◆ 图3–14　平衡原理在网页设计中的运用

◆ 图3–15　平衡原理在网页设计中的运用

3.2 变化

网页作为一种新的信息传达媒介，被广泛地应用于个人或组织的形象营造、文化宣传。无论是个人网页，还是国家、政府、组织的网页，都不希望自己的网页以刻板、单调的形象出现。过于统一、和谐的网页界面，极可能会出现古板、无趣的视觉心理体验。在此情况下，需要对网页界面营造一定的变化。常用的视觉变化原理有对比和特异。

3.2.1 对比

对比借助的是网页视觉元素的差异性，只要元素之间存在差异，就可以营造出一定的对比效果。差异性越大则对比性越强，反之则越弱。

人们识别事物的关键就在于不同事物之间的差异性。差异性是增加网页视觉对比效果的基础与核心，也是网页设计中常常使用的引起人们兴趣的最有效的设计方法。

对比视觉原理是指在网页设计中利用网页视觉元素在大小、色相、明度、肌理、位置、形状、方向等特性上的差异，营造视觉"亮点"，如图3-16至图3-19。

需要特别注意的是：网页界面中，对比的成分不宜过多，否则整个网页界面就会出现混乱与无序感，给网页界面的使用者造成心理上的不适感。

◆ 图3-16　网页界面设计中的对比原理

图3-16中，主要使用的是色彩的对比。紫色、柠檬黄、蓝色、橘黄色等高纯度的色彩形成了强烈的对比，形成了界面中视觉的焦点，也使得主体形象脱离于背景形成了新的视觉心理空间。但是这些强对比的色彩被"人形"形状所套装，使得整个界面"亮"而不乱。

图3-17中，白色的横幅图片与深紫色的背景在明度上存在很强的对比，这使得白色的横幅图片成为界面中被强调的对象。

一般在色彩的对比中，大面积的色彩与图像往往会成为背景，小面积的色彩一般会成为视觉的"亮点"。

◆ 图3-17　网页界面的色彩对比

◆ 图3-18　网页界面中的位置对比

图3-18使用的是视觉元素的位置对比。形状相同的图像在网页界面中位置的不同，营造了界面的活力与生气，有一种强烈的律动感。

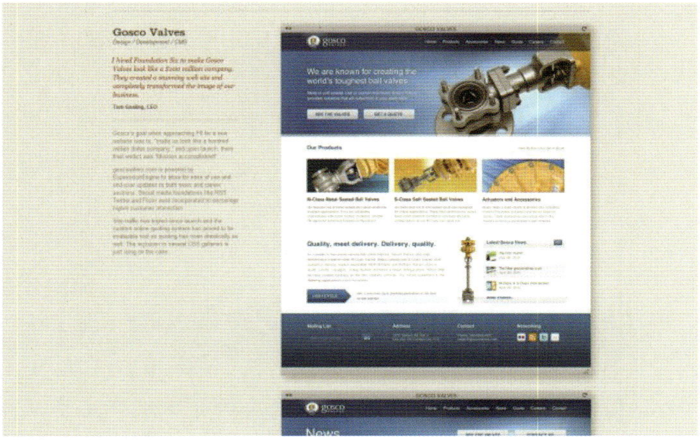

◆ 图3-19　网页界面中视觉元素的大小对比

图3-19所示的网页界面中，左侧的字体在视觉心理中是一个相对较小的“虚面”，而右侧部分成为一个大的实面，大小与虚实面的对比使得该网页界面具有“严谨而不死板”的视觉感，很好地反映了该网页拥有者的行业属性与企业文化。

3.2.2 特异

特异是对比的“加强版”，是对比视觉原理的延伸与发展。网页界面设计时，某一视觉元素无论是在大小、形状、色彩、肌理方面还是其他特征方面，只要其与周围的元素存在着强烈的对比，这一视觉元素往往会形成特异的视觉效果，如图3-20和图3-21。

特异是强调网页界面中某些关键信息的极为有用的设计手段。具有“万绿丛中一点红”的视觉与心理感受。

图3-20所示的网页界面中，位于界面中上部分的建筑图片，由于与大面积的红色背景在色相上的有强烈反差，使得该建筑图片成为网页界面的焦点，成为了特异的形象。

图3-21所示的网页界面中，与灰色背景以及段落文字形成强对比的是“人”的图像。

但是一定要注意：一个网页界面中，特异的视觉元素不能超过一个，否则网页界面就存在极强的冲突感。

当网页界面中，视觉元素的差异性过大或者过多时，一定要通过设计手段使得这些视觉元素之间存在一定的关系。这是营造网页秩序感的必要方法。

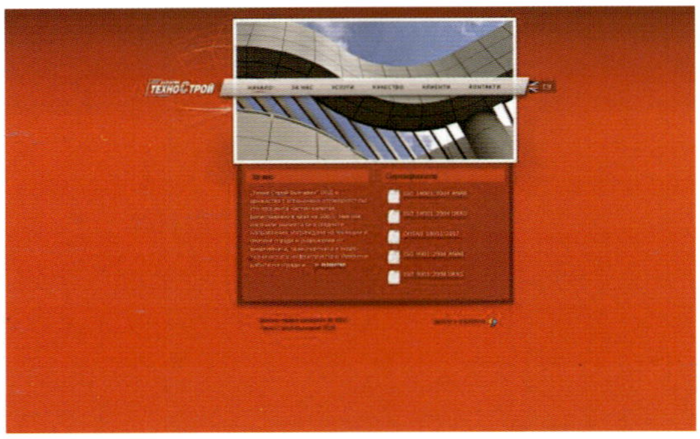

◆ 图3–20　网页界面中色彩的特异

◆ 图3–21　网页界面中形象的特异

3.3 留白

留白极具中国美学特征，是中国传统艺术作品创作中常用的一种手法。留白指书画艺术创作中为使整个作品画面、章法更为协调精美而有意留下相应的空白，留有想象的空间。从艺术角度说，留白就是以“空白”为载体进而渲染出美的意境的艺术。从应用角度上说，留白更多指一种简洁、安闲的理念。

南宋马远的《寒江独钓图》，只见一幅画中，一叶小舟，一个渔翁在垂钓，整幅画中没有一丝水，而让人感到烟波浩渺，满幅皆水。予人以想象之余地。

留白的视觉原理，其实是给人以“想象空间”，给人以“空灵”的视觉心理。表现在网页界面中，则是界面元素的简洁性、意味性。如图3–22、图3–23所示。

◆ 图3–22　留白能够营造网页界面的趣味性

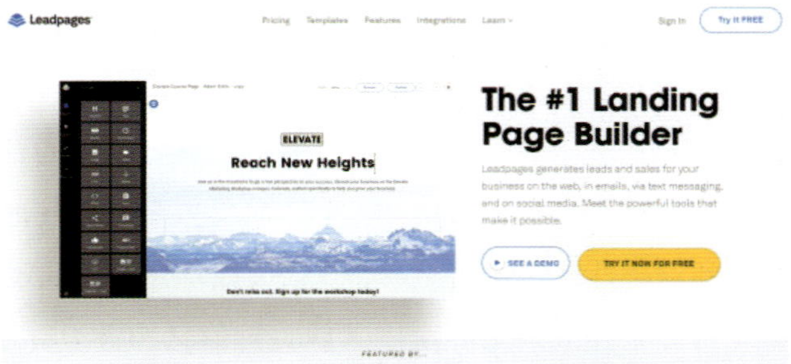

◆ 图3–23　留白可以营造网页界面的空灵感

留白并不意味着留白处界面中没有视觉元素，而是这些元素往往成为背景，如图3–24、图3–25所示。

◆ 图3-24　网页界面的留白（图形转化为背景）

◆ 图3-25　网页界面的留白（色彩成为背景）

网页界面的初学者，往往会在界面中添加种种视觉元素，不管这些元素是不是传达信息或者文化所必要的。可能是出于恐慌心理或者是其他原因，总是搞得界面密不透风，使人喘不过气来。

在网页界面设计中，使用传达信息关键的、必要的视觉元素，尽量删除那些次要的或者不需要的视觉元素。让你的界面“闲”下来，这不仅会提高界面的档次与品位，也会大大地降低工作量。

在这一章中从秩序、变化、留白三个大的方面进行了网页界面视觉原理的分析与案例的解读，这些原理并不是孤立的，任何一个优秀的网页界面中，这些原理是综合使用的。

网页设计 | WEB DESIGN

网页设计 HTML 基础

第四章

CHAPTER 4

网页是构成网站的基本元素，是一个包含HTML标签的纯文本文件。虽然通过浏览器打开的绝大多数网页中可以发现其包含文字、色彩、图形图案、视频、音频、动画、链接等多种内容，但其本质是由HTML定义的各种标签组成。虽然在目前的众多网页设计软件中，我们可以很容易实现HTML定义的各种标签，但是熟练掌握HTML代码对于网页的设计与后期的维护具有极为重要的意义。

4.1 HTML文档的生成与读取

对于HTML文档的编辑，可以使用专业的 HTML 编辑器 Adobe Dreamweaver、Microsoft Expression Web、CoffeeCup HTML Editor等软件来编辑，也可以使用文本编辑器来编辑。

使用电脑中自带的“记事本”来编辑，其步骤如下。

步骤一：启动记事本。

步骤二：用记事本编辑HTML。

步骤三：保存 HTML。注意文件名既可以使用.htm 也可以使用.html 扩展名。但必须是这两种扩展名之一。

步骤四：在浏览器中运行这个 HTML 文件。鼠标双击该HTML 文件即可。

例如：在记事本中输入如下内容，存储为.html格式于桌面。

```
<html>
 <body>
  <h1>欢迎学习网页设计</h1>
  <p>您会发现很多乐趣</p>
  </body>
</html>
```

鼠标双击该HTML文件则可以使用电脑中浏览器打开它，其显示结果如图4-1所示。

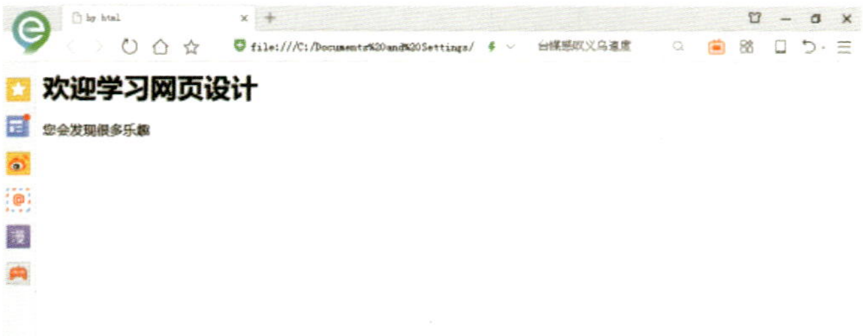

◆ 图4-1 “欢迎学习网页设计”网页显示

此例中，使用了HTML文档标签：body（主体）标签、h1（一级标题）标签、p（段落）标签。通过上例可以发现HTML标签有如下特征与法则：

①HTML 标签是由尖括号包围的关键词，例如 <html>。

②HTML 标签通常是成对出现的，例如 <b> 和 </b>。

③标签对中的第一个标签是开始标签，第二个标签是结束标签。

④不同的内容使用不同的标签。

⑤HTML 文档用于描述网页。

⑥HTML 文档包含 HTML 标签和纯文本。

⑦HTML 文档也被称为网页。

注意：

HTML 指的是超文本标记语言（Hyper Text Markup Language），但HTML 不是一种编程语言，而是一套标记标签（Markup Tag）。

<html> 与 </html> 之间的文本描述网页。

<body> 与 </body> 之间的文本是可见的页面内容。

<h1> 与 </h1> 之间的文本被显示为标题。

<p> 与 </p> 之间的文本被显示为段落。

4.2 HTML 标题标签

HTML文档结构中，标题（Heading）是通过 <h1> – <h6> 6种标签进行定义的。其中h1显示标题的字体最大，h6标签显示的标题字体最小。由于 h 元素拥有确切的语义，因此请慎重地选择恰当的标签层级来构建文档的结构。从h1到h6其显示字号大小一次为：h1=32px；h2=24px；h3=18px；h4=16px；h5=14px；h6=12px。

构建如下网页结构（HTML）代码：

```
<html>
 <body>
  <h1>这是一级标题</h1>
  <h2>这是二级标题</h2>
  <h3>这是三级标题</h3>
  <h4>这是四级标题</h4>
  <h5>这是五级标题</h5>
  <h6>这是六级标题</h6>
   <p>这是正文</p>
 </body>
</html>
```

其结果显示如图4-2所示（该结果借助W3school在线测试工具v2实现，后续的测试案例均使用该工具，所以不再标注测试工具）。

这是一级标题

这是二级标题

这是三级标题

这是四级标题

这是五级标题

这是六级标题

◆ 图4-2　h标签的各级显示

4.3 HTML段落标签

HTML文档结构中，段落是通过<p>标签进行定义并识别的。其由<p> 标签开始，</p> 标签结束。位于这两个标签之间的内容，就是定义的该段落内容。段落内容可长可短，段落与段落之间系统会自动添加一个行距的空间。

构建如下的网页结构（HTML）代码：

```
<html>
  <body>
    <p>HTML文档结构中，位于这两个标签之间的内容，就是定义的该段落内容。段落
内容可长可短，段落与段落之间系统会自动添加一个行距的空间。
    </p>
    <p>HTML文档结构中，位于这两个标签之间的内容，就是定义的该段落内容。 </p>
    <p>段落内容可长可短，段落与段落之间系统会自动添加一个行距的空间。
    </p>
  </body>
</html>
```

其显示结果如图4-3所示。

HTML文档结构中，位于这两个标签之间的内容，就是定义的该段落内容。段落内容可长可短，段落与段落之间系统会自动添加一个行距的空间。

HTML文档结构中，位于这两个标签之间的内容，就是定义的该段落内容。

段落内容可长可短，段落与段落之间系统会自动添加一个行距的空间。

◆ 图4-3　段落标签的显示

结合上述代码以及显示结果发现：无论是<p></p> 标签之间的内容有多少，均被当做一个段落（块），段落与段落之间有一个空白空间。浏览器会自动地在标题的前后添加空行。

默认情况下，HTML 会自动地在块级元素前后添加一个额外的空行，比如段落、标题元素前后。

4.4 HTML换行标签

HTML文档结构中，换行标签是由
来定义的，
是空的 HTML元素。没有内容的HTML 元素被称为空元素。空元素是在开始标签中关闭的。
 就是没有关闭标签的空元素（
 标签定义换行）。在 XHTML、XML 以及未来版本的HTML中，所有元素都必须被关闭。在开始标签中添加斜杠，比如
，是关闭空元素的正确方法，HTML、XHTML 和 XML都接受这种方式。即使
 在所有浏览器中都是有效的，但使用</br>其实是更长远的保障。

构建如下网页结构代码：

```
<html>
  <body>
    <p>HTML文档结构中，位于这两个标签之间的内容，就是定义的该段落内容。</br>
    段落内容可长可短，段落与段落之间系统会自动添加一个行距的空间。
    </p>
    <p>HTML文档结构中，位于这两个标签之间的内容，就是定义的该段落内容。 </p>
    <p>段落内容可长可短，段落与段落之间系统会自动添加一个行距的空间。
    </p>
  </body>
</html>
```

其结构显示如图4-4所示：

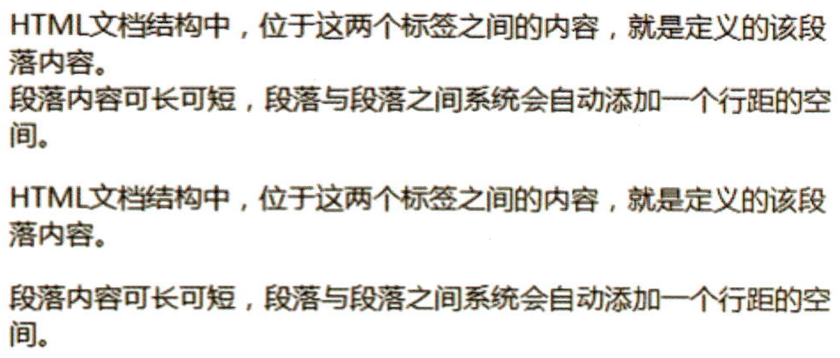

◆ 图4-4　换行标签显示结果

由显示结果可以发现，换行标签与段落标签均可以重新开始一行。但是换行标签没有段落之间的空白空间。

4.5 HTML水平线标签

<hr /> 标签在 HTML 页面中创建水平线。<hr /> 标签也是空的 HTML元素，往往用于分隔内容。

构建如下网页结构代码：

```
<html>
  <body>
    <p>
      轻轻的我走了，<hr />
      正如我轻轻的来；<hr />
      我轻轻的招手，<hr />
      作别西天的云彩。<hr />
    </p>
  </body>
</html>
```

其结果显示如图 4–5 所示。

◆ 图4–5　水平线标签显示结果

4.6 HTML链接标签

超链接可以是一个字，一个词，或者一组词，也可以是一幅图像，可以点击这些内容来跳转到新的文档或者当前文档中的某个部分。当把鼠标指针移动到网页中的某个链接上时，箭头会变为一只小手形状。

有两种使用 <a> 标签的方式：

①通过使用 href 属性——创建指向另一个文档的链接。

②通过使用 name 属性——创建文档内的书签。

链接的 HTML 代码很简单：<a href= “url” >link text</a>

方式一：用href 属性创建链接

链接语法：

•链接由 <a> 开始，由 </a> 结束。

•href 属性规定链接的目标，即被链接的内容。

• “link text” 是指鼠标要点击的内容。

• “链接文本” 不必一定是文本，也可以是其他 HTML 元素。

•可以为链接设置target 属性，可以定义被链接的文档在何处显示。如果把链接的 target 属性设置为 “_blank” ，该链接会在新窗口中打开。

构建如下网页结构代码：

```
<html>
  <body>
    <a href="http://www.w3school.com.cn/" target="_blank">Visit W3School!</a>
  </body>
</html>
```

其结果显示为图 4–6 所示，点击链接其结果显示为 4–7 所示：

◆ 图 4–6　链接显示

◆ 图 4–7　点击链接后的网页链接

方式二：使用 name 属性创建书签

name 属性规定锚(anchor) 的名称。书签不会以任何特殊方式显示，当使用命名锚(named anchors) 时，我们可以创建直接跳至该命名锚的链接，无需不停地滚动页面来寻找他们需要的信息了。

命名锚的语法：

```
<a name="label">锚（显示在页面上的文本）</a>
```

锚的名称可以是你任何你定义的名字。也可以使用 id 属性来替代 name 属性，命名锚同样有效。

如构建如下网页结构代码：

```
<html>
  <body>
  <p> <a href="#C17">查看 Chapter 17。</a> </p>
    <h2>Chapter 1</h2>
    <p>这是章节内容</p>
    <h2>Chapter 2</h2>
    <p>这是章节内容</p>
    <h2>Chapter 3</h2>
    <p>这是章节内容</p>
    ……
    <h2>Chapter 17</h2>
    <a name="C17">Chapter17</a>
    <p>这是章节内容</p>
  </body>
</html>
```

显示结果如图4–8所示，点击书签显示结果如图4–9所示：

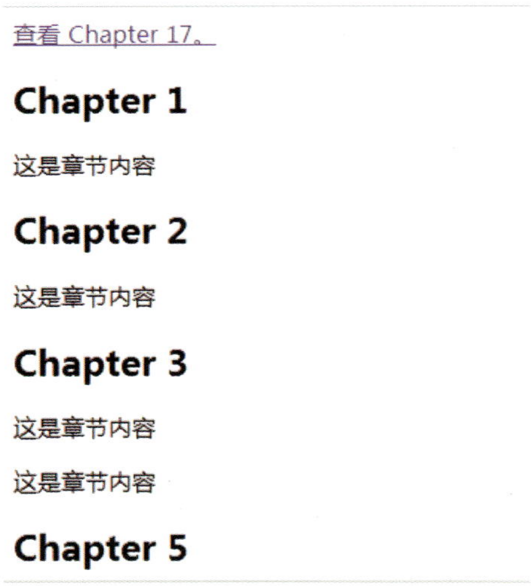

◆ 图4–8　使用name 属性创建书签

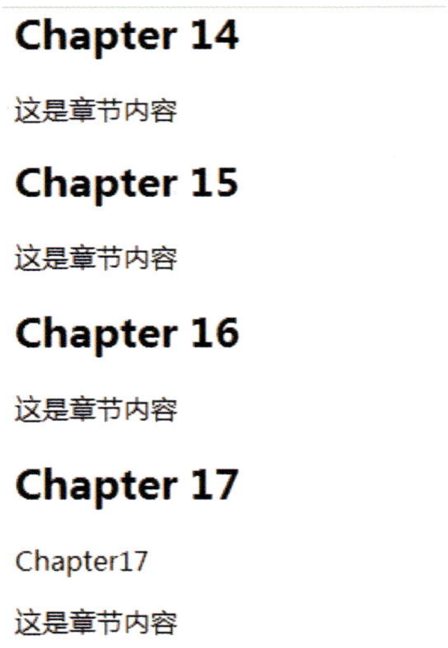

◆ 图4–9　点击书签显示效果

4.7 HTML图像标签

在 HTML文档 中，图像由 <img> 标签定义。<img> 是空标签，它只包含属性没有闭合标签。要在页面上显示图像，需要使用源属性（src）。src 是 “source” 的简写。源属性的值是指图像的url地址。

定义图像的语法是：<img src="url"/>

url 指图像的存储位置。如果名为“5512979893.jpg”的图像位于 C/Documents and Settings/Administrator/My Documents/数码设计/目录中，那么其 URL 为“file://C/Documents and Settings/Administrator/My Documents/数码设计/5512979893.jpg”。

替换文本属性（Alt）

alt 属性用来为图像定义一串预备的可替换的文本。在浏览器无法载入图像时，替换文本属性告诉读者失去的信息，或是可以替代的信息。此时，浏览器将显示这个替代性的文本而不是原来的图像。

可以通过“width”“height”属性设置图形的尺寸。

构建如下 HTML 结构代码：

```
<html>
  <body>
    <img src="/i/eg_mouse.jpg" width="50" height="50">
    <br />
    <img src="/i/eg_mouse.jpg" width="100" height="100">
    <br />
    <img src="/i/eg_mouse.jpg" width="200" height="200">
  </body>
</html>
```

其结果显示如图 4-10 所示。

图 4-10 显示了图像在不同的长宽尺寸下的效果。在网页设计时，你可以任意设置你所需要的图像的大小。只需在“width”“height”后边设置具体的数值即可。

◆ 图4-10　图像尺寸设置效果

4.8 HTML表格

表格由 <table> 标签来定义。每个表格均有若干行（由 <tr> 标签定义），每行被分割为若干单元格（由 <td> 标签定义）。字母 td 指表格的内容。数据单元格可以包含文本、图片、列表、段落、表单、水平线、表格等如表 4-1。

表格的表头使用 <th> 标签进行定义。大多数浏览器会把表头显示为粗体居中的文本。

网页设计 WEB DESIGN

表4-1 表格标签

表格	描述
<table>	定义表格
<caption>	定义表格标题
<th>	定义表格的表头
<tr>	定义表格的行
<td>	定义表格单元
<thead>	定义表格的页眉
<tbody>	定义表格的主体
<tfoot>	定义表格的页脚
<col>	定义用于表格列的属性
<colgroup>	定义表格列的组

4.9 HTML列表

列表分为有序列表与无序列表。其常用于制作网页的菜单、导航等内容见表4-2。

无序列表：是一个项目的列表，此列项目使用粗体圆点（典型的小黑圆圈）进行标记。无序列表始于 <ul> 标签。每个列表项始于 <li>。

有序列表：也是一列项目，列表项目使用数字进行标记。有序列表始于 <ol> 标签。每个列表项始于 <li> 标签。

构建如下的网页结构代码：

```
<html>
    <body>
    <h4>有序列表：</h4>
        <ol>
            <li>苹果</li>
            <li>香蕉</li>
            <li>柠檬</li>
            <li>桔子</li>
        </ol>
    <h4>无序列表：</h4>
      <ul>
            <li>苹果</li>
            <li>香蕉</li>
            <li>柠檬</li>
```

```
        <li>桔子</li>
    </ul>
  <body>
<html>
```

其结果显示如图4-11所示。

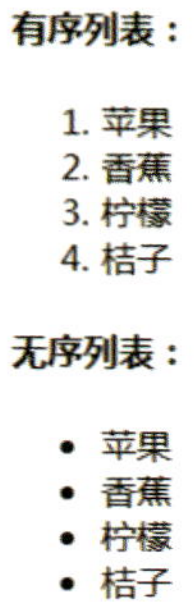

◆ 图4-11　有序列表与无序列表

表4-2　列表标签

标签	描述
<ol>	定义有序列表
<ul>	定义无序列表
<li>	定义列表项
<dl>	定义定义列表
<dt>	定义定义项目
<dd>	定义定义的描述

4.10 HTML DIV标签与SPAN标签

HTML<div>元素是块级元素，它常用于组合其他 HTML 元素的容器，也常用于HTML文档的布局。它取代了使用表格定义布局的方法。使用<table>元素进行文档布局不是表格的正确用法。<table> 元素的作用是显示表格化的数据。如果与CSS一同使用，<div> 元素可用于对大的内容块设置样式属性。

<div> 元素没有特定的含义。除此之外，由于它属于块级元素，浏览器会在其前后显示执行。大多数 HTML 元素被定义为块级元素或内联元素。例子：<h1>, <p>, <ul>, <table>。

HTML <span> 元素是内联元素，可用作文本的容器。<span> 元素也没有特定的含义。当与CSS一同使用时，<span> 元素可用于为部分文本设置样式属性。内联元素在显示时通常不会以新行开始，例子：<b>, <td>, <a>, <img>。

使用<div>标签能对HTML文档进行轻松的布局。<div>标签使用“#”进行定义如表4-3。

表4-3　HTML 分组标签

标签	描述
<div>	定义文档中的分区或节（division/section）。
<span>	定义 span，用来组合文档中的行内元素。

构建如下HTML文档代码：

```
<head>
  <style>
      #header {
          background-color:black;
          color:white;
          text-align:center;
          padding:5px;
      }
      #nav {
          line-height:30px;
          background-color:#eeeeee;
          height:300px;
          width:800px;
          float:left;
          padding:10px;
      }
      #section {
          width:350px;
          float:left;
          padding:15px;
      }
      #footer {
          background-color:black;
          color:white;
          clear:both;
          text-align:center;
          padding:5px;
      }
  </style>
</head>
  <body>
    <div id="header">
        <h1>City Gallery</h1>
        </div>
    <div id="nav">
```

```
        Beijing<br>
        London<br>
        Paris<br>
        Tokyo<br>
      </div>
    <div id="section">
      <h2>London</h2>
      <p>
      Beijing is a metropolis in northern China and the capital of the People's Republic
      of China. It is one of the four municipalities of the PRC, which are equivalent to
      provinces in China’ s administrative structure. </p>
      <p>
      Beijing is one of the Four Great Ancient Capitals of China.
      </p>
      </div>
   <div id="footer">
      Copyright@W3Schools.com
      </div>
  </body>
</html>
```

显示结果如图4–12所示：

此例中，用“#”定义了：header、nav、section、footer四个标签，并在文档头部对某一个标签进行了布局设置。例如：设置了nav标签的行距、背景色、高度、宽度、左侧浮动以及内边距。在使用<div>标签进行布局时，可以设定标签元素的位置、大小以及元素内部的各种参数，从而实现网页布局的功能，定义元素如表4–4。

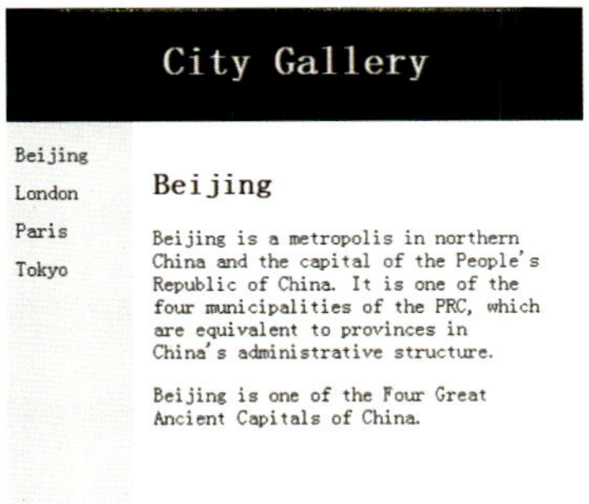

◆ 图4–12 <div>标签布局

表4–4 HTML定义元素

header	定义文档或节的页眉
nav	定义导航链接的容器
section	定义文档中的节
article	定义独立的自包含文章
aside	定义内容之外的内容（比如侧栏）
footer	定义文档或节的页脚
details	定义额外的细节
summary	定义details元素的标题

4.11 HTML类标签

对 HTML 进行分类（设置类），使我们能够为元素的类定义 CSS 样式。为相同的类设置相同的样式，或者为不同的类设置不同的样式。类元素标签以“.”来进行定义。

构建如下的关键网页结构代码：

```
<!DOCTYPE html>
<html>
<head>
<style>
.poem {
   background-color:black;
   color:white;
   margin:20px;
   padding:20px;
   line-height:30px;
 }
</style>
</head>
<body>
 <div class="poem">
   <h2>《再别康桥》</h2>
 <p>
   《再别康桥》是现代诗人徐志摩脍炙人口的诗篇，是新月派诗歌的代表作品。全诗以离别康桥时感情起伏为线索，抒发了对康桥依依惜别的深情。语言轻盈柔和，形式精巧圆熟，诗人用虚实相间的手法，描绘了一幅幅流动的画面，构成了一处处美妙的意境，细致入微地将诗人对康桥的爱恋，对往昔生活的憧憬，对眼前的无可奈何的离愁，表现得真挚、浓郁、隽永，是徐志摩诗作中的绝唱。</p>
   </div>
 </body>
</html>
```

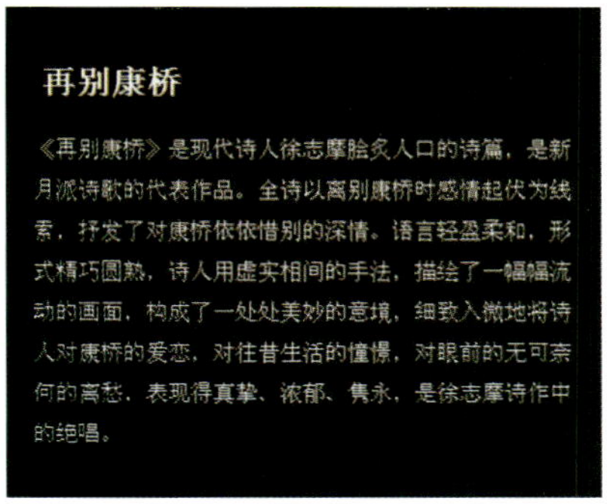

◆ 图4–13　类标签的显示

显示结果如图4–13所示。

此案例中，我们以“.”来定义了“poem”类元素的背景色、字体颜色、边距以及行间距属性，并以<div>标签将“poem”类定义为一个整体。

4.12 HTML Iframe标签

iframe标签用于网页内显示网页，其标签属性如表4–5。iframe的语法为：<iframe src="URL"></iframe>

URL指向被显示页面的位置。height和width属性用于设定iframe的高度和宽度。

构建如下的HTML结构：

```
<!DOCTYPE html>
<html>
  <body>
    <iframe src="/example/html/demo_iframe.html" name="iframe_a" width="500px"
    height="300px"> </iframe>
    <p><a href="http://www.w3school.com.cn" target="iframe_a">W3School.com.cn</a></p>
  </body>
</html>
```

显示结果如图4–14所示。

◆ 图4–14　iframe（框架）标签显示

表 4-5 iframe（框架）标签属性

属性	值	描述
align	· left · right · top · middle · bottom	不赞成使用。请使用样式代替 规定如何根据周围的元素来对齐此框架
frameborder	· 1 · 0	规定是否显示框架周围的边框
height	· pixels · %	规定 iframe 的高度
longdesc	URL	规定一个页面，该页面包含了有关 iframe 的较长描述
marginheight	pixels	定义 iframe 的顶部和底部的边距
marginwidth	pixels	定义 iframe 的左侧和右侧的边距
name	frame_name	规定 iframe 的名称
sandbox	· "" · allow-forms · allow-same-origin · allow-scripts · allow-top-navigation	启用一系列对 <iframe> 中内容的额外限制
scrolling	· yes · no · auto	规定是否在 iframe 中显示滚动条
seamless	seamless	规定 <iframe> 看上去像是包含文档的一部分
src	URL	规定在 iframe 中显示的文档的 URL
srcdoc	HTML_code	规定在 <iframe> 中显示的页面的 HTML 内容
width	· pixels · %	定义 iframe 的宽度

4.13 HTML 文档头部元素

<head> 元素是所有头部元素的容器。<head> 内的元素可包含脚本，指示浏览器在何处可以找到样式表，提供元信息等等。以下标签都可以添加到 head 部分：<title>、<base>、<link>、<meta>、<script> 以及 <style>，如表4-6所示。

表 4-6 HTML 头部元素

标签	描述
<head>	定义关于文档的信息
<title>	定义文档标题
<base>	定义页面上所有链接的默认地址或默认目标
<link>	定义文档与外部资源之间的关系
<meta>	定义关于 HTML 文档的元数据
<script>	定义客户端脚本
<style>	定义文档的样式信息

<title> 标签定义文档的标题。title 元素在所有 HTML/XHTML 文档中都是必需的。

<title> 标签元素能够定义浏览器工具栏中的标题，提供页面被添加到收藏夹时显示的标题，显示在搜索引擎结果中的页面标题。

```
<html>
<head>
  <title>文档标题</title>
</head>
  <body>
  </body>
</html>
```

<base> 标签为页面上的所有链接规定默认地址或默认目标（target）。

```
<head>
<base href="http://www.w3school.com.cn/images/" />
<base target="_blank" />
</head>
```

<link> 标签定义文档与外部资源之间的关系。<link> 标签最常用于连接样式表。

```
<head>
<link rel="stylesheet" type="text/css" href="mystyle.css" />
</head>
```

<style> 标签用于为 HTML 文档定义样式信息。style 元素内规定 HTML 元素在浏览器中呈现的样式。

```
<head>
<style type="text/css">
body {background-color:yellow}
p {color:red}
</style>
</head>
```

<meta> 标签提供关于 HTML 文档的元数据。meta 元素被用于规定页面的描述、关键词、文档的作者、最后修改时间以及其他元数据。

4.14 HTML文档声明

在网页设计软件中，只要新建一个网页都会出现一个文档声明。HTML 也有多个不同的版本，只有完全明白页面中使用的确切 HTML 版本，浏览器才能完全正确地显示出 HTML 页面。这就是 <!DOCTYPE> 的用处。<!DOCTYPE> 不是 HTML 标签。它为浏览器提供一项信息（声明），即 HTML 是用什么版本编写的。

<!DOCTYPE html PUBLIC "-//W3C//DTD XHTML 1.0 Transitional//EN" "http://www.w3.org/TR/xhtml1/DTD/xhtml1-transitional.dtd">

<html xmlns="http://www.w3.org/1999/xhtml">

4.15 HTML快速参考

HTML Basic Document（HTML文档基本结构）

```
<html>
<head>
<title>文档标题</title>
</head>
<body>
```

```
文档主体
</body>
</html>
```

Text Elements（文本元素）

```
<p> 段落 </p>
<br> (换行)
<hr> (水平线)
<pre> 预格式化 </pre> 注意：pre 元素中的文本通常会保留空格和换行符。
```

Logical Styles（逻辑样式）

```
<em> 强调 </em>
<strong> 强调 </strong>
```

注意：<strong> 标签和 <em> 标签一样，用于强调文本，但它强调的程度更强一些。通常是用加粗的字体（相对于斜体）来显示其中的内容

Physical Styles（物理样式）

```
<b> 定义粗体文本 </b>;
<b>定义粗体文本</b>
<i> 定义斜体 </i>
```

Links, Anchors, and Image Elements（链接、锚点和图像元素）

```
<a href="http://www.example.com/">This is a Link</a>（链接文字）
<a href="http://www.example.com/"><img src="URL"
alt="Alternate Text"></a>（链接图像）
<a href="mailto:webmaster@example.com">Send e-mail</a>A named anchor:（邮箱链接）
<a name="tips">Useful Tips Section</a>（定义锚点）
<a href="#tips">Jump to the Useful Tips Section</a>（锚点链接）
```

Unordered list（无序列表）

```
<ul>
<li>First item</li>
<li>Next item</li>
</ul>
```

Ordered list（有序列表）

```
<ol>
<li>First item</li>
<li>Next item</li>
</ol>
```

Definition list（定义列表）

```
<dl>
<dt>First term</dt>
<dd>Definition</dd>
<dt>Next term</dt>
<dd>Definition</dd>
</dl>
```

Tables（定义表格）

```
<table border="1">
<tr>
  <th>someheader</th>
  <th>someheader</th>
</tr>
<tr>
  <td>sometext</td>
  <td>sometext</td>
</tr>
```

```
</table>
```

Frames（定义框架）

```
<frameset cols="25%,75%">
  <frame src="page1.htm">
  <frame src="page2.htm">
</frameset>
```

Other Elements（其他元素）

```
<!-- This is a comment -->
<blockquote>
Text quoted from some source.
</blockquote>
<address>
Address 1<br>
Address 2<br>
City<br>
</address>
```

（资料来源：http://www.w3school.com.cn/html/html_quick.asp）

网页设计 | WEB DESIGN

网页设计
CSS 基础

第五章

CHAPTER 5

网页设计中HTML的各种标签用于定义文档内容，并构建数据流。而CSS样式则用于设置文档内容的布局及显示样式。HTML通过使用<h1>、<p>、<table>等这样的标签来表达“标题”“段落”“表格”等之类的信息。原初文档布局由浏览器来完成，而不使用任何的格式化标签。在网络发展的历史中两种主流的浏览器（Netscape 和 Internet Explorer）不断地将新的HTML标签和属性添加到HTML规范中，使得创建的文档内容要清晰地独立于文档表现层的站点这一任务变得越来越困难。为了解决这个问题，万维网联盟（W3C）在 HTML4.0之外创造出了所有主流浏览器均支持的层叠样式表（CSS）。

CSS（Cascading Style Sheets）层叠样式表用于定义HTML元素如何显示，能够使得HTML文档的内容与表现层分离，能够将多重样式合而为一，极大地提高了工作的效率以及HTML文档的简洁性。

5.1 CSS基本语法

CSS语法规则由两个主要的部分构成：选择器（selector { }）以及一条或多条声明（declaration1; declaration2;……）。

如：selector {declaration1; declaration2; ... declarationN }

选择器通常是需要改变样式的 HTML 元素，如<h1>、<p>、<table>、<div>、<class>、<body>等。

每条声明由一个属性和一个值组成。属性是希望设置的样式属性（style attribute）。每个属性都有一个值，属性和值被冒号分开。

如：selector {property:value}

如果属性值为单词，则要给属性值加引号。

如：p {font-family: "sans serif";}

如果定义了几个声明，则每条声明之间用“;”分割。

如：p {text-align:center; color:red;}

下面这行代码的作用是将h1元素内的文字颜色定义为红色，同时将字号大小设置为14像素。在这个例子中，h1是选择器，color和font-size是属性，red和14px是值。

h1 {color:red; font-size:14px;}

图5-1展示了上面这段代码的结构：

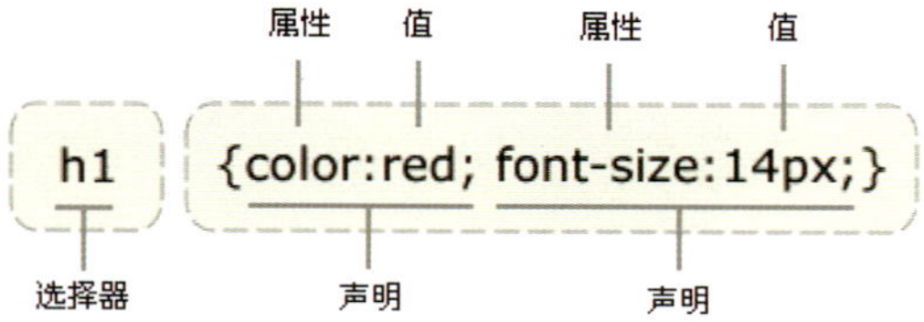

◆ 图5-1　CSS语法示意图

为了增强代码的可读性，最好在每行只描述一个属性。

```
body {
    color: #000;
    background: #fff;
    margin: 0;
    padding: 0;
    font-family: Georgia, Palatino, serif;
  }
```

5.2 id选择器

id 选择器可以为标有id 的HTML元素设定需要的样式，id名是可以自己任意设置的。

id 选择器必须以“#”来定义。如：

```
#text-colour1 {color:red;line-height:26px;font-size:18px;}
#text-colour2 {color:green;line-height:26px;font-size:18px;}
```

如在HTML中构建如下代码：

```
<html>
<head>
  <style type= "text/css">
    #text-colour1 {color:red;line-height:26px;font-size:18px;}
    #text-colour2 {color:green;line-height:26px;font-size:18px;}
  </style>
</head>
  <body>
<p id= "text-colour1">春节是指汉字文化圈传统上的农历新年，俗称“年节”，传统名称为新年、大年、新岁，但口头上又称度岁、庆新岁、过年，是中华民族最隆重的传统佳节。</p>
<p id= "text-colour2">春节起源于殷商时期年头岁尾的祭神祭祖活动，是中国最盛大、最热闹、最重要的一个古老传统节日。在中国民间，传统意义上的春节是指从腊月初八的腊祭或腊月二十三、二十四的祭灶，一直到正月十五，其中以除夕和正月初一为高潮。</p>
  </body>
</html>
```

则显示效果如图5–2所示（本案例使用W3School在线测试工具V2测试，本章后续案例也使用该工具）。

该案例使用"#"来定义了两个“#text-colour1”“#text-colour2”的属性，并使用ID选择器将这两个属性分别赋予两个不同的段落。

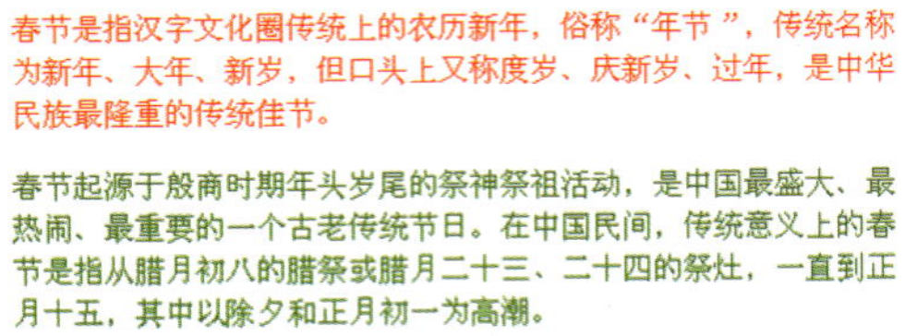

◆ 图5–2　id选择器案例效果

5.3 类选择器

在CSS中，类选择器以一个点号（“.”）来定义，例如：

```
.center {text-align: center;font-size:24px;line-height:36px;margin:70 0 0 0 }
```

该例子定义了所有拥有center类的HTML元素均为居中对齐、字体大小24px、行距36px、顶部外填充70px。

构建如下HTML代码：

```
<html>
  <head>
    <style type= "text/css">
  .center {text-align: center;font-size:24px;line-height:36px;margin:70 0 0 0}
    </style>
  </head>
  <body>
    <p class= "center">浣溪沙·端午 </br>
      作者：苏轼 </br>
  轻汗微微透碧纨，</br>明朝端午浴芳兰。</br>流香涨腻满晴川。</br>
  彩线轻缠红玉臂，</br>小符斜挂绿云鬟。</br>佳人相见一千年。</p>
  </body>
</html>
```

显示结果如图5–3所示。

只要是使用了相同的类选择器，则显示的样式都是一样的。

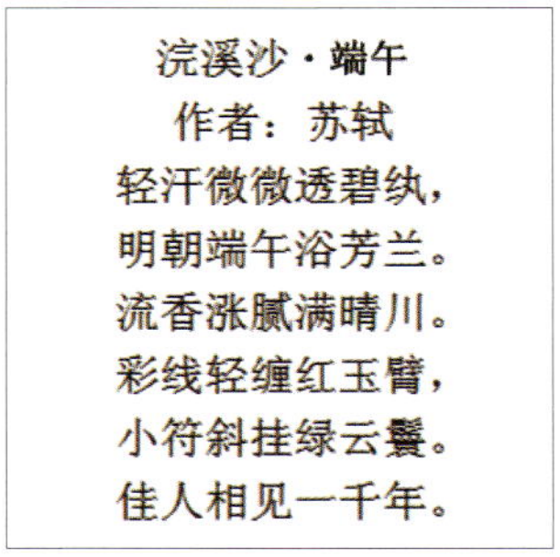

◆ 图5–3　类选择器案例

5.4 属性选择器

属性选择器对带有指定属性的 HTML 元素设置样式，而不仅限于 class 和 id 属性。

如：[title]{color:red;} 。此属性选择器为标题设置了红色字体。

也可以为lang 属性的所有元素设置样式，如：

[lang|=zh] { color:red;}

上例中此属性选择器的设置可以为HTML文档中，使用该选择器的中文设置红色字体。（注：lang是“language”的简写，“zh”表示中文，“en”表示英语。）

在HTML文档中构建如下构建代码：

```
<html>
  <head>
  <style type= "text/css">
  .h{text-align:center;}
  [lang|=zh]{color:red;
  text-align:center;
  font-size:25px;
  line-height:40px;}
  </style>
</head>
  <body>
   <h1 class= "h">西江月 </h1>
   <p lang= "Zh">作者：苏轼（宋）</p>
   <p lang= "Zh">
   世事一场大梦，人生几度秋凉。</br>
   夜来风叶已鸣廊。看取眉头鬓上。</br>
   酒贱常愁客少，月明多被云妨。</br>
   中秋谁与共孤光。把盏凄然北望</p>
   <hr />
  </body>
</html>
```

其结果显示如图5-4所示。

属性选择器在为表单（Form）设置格式时，特别有效。

在HTML文档中构建如下代码：

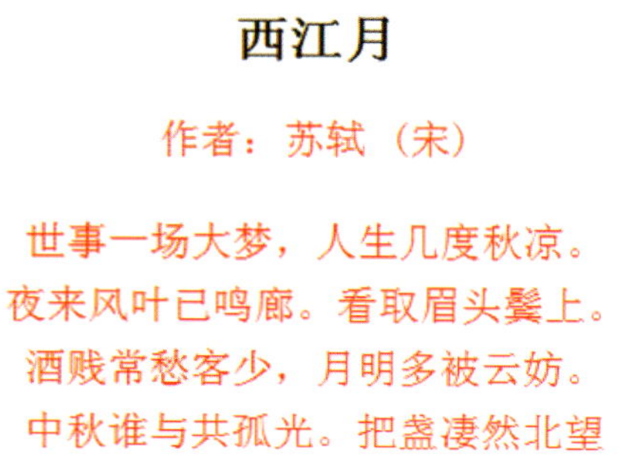

◆ 图5-4　使用属性选择器设置语言

```
<html>
  <head>
   <style>
    input[type= "text"]{
        width:300px;
        display:block;
        margin:10px 10 10 10;
        background-color:yellow;
        font-family: Verdana, Arial;
        font-size:40px;}
    input[type= "button"]{
        width:120px;
        margin-left:170px;
        display:block;
        font-family: Verdana, Arial;}
   </style>
  </head>
  <body>
   <form >
     <input type= "text" name= "Name"value= "Angle" >
     <input type= "text"name= "Name" value= "Yatuleyl">
     <input type= "button" value= "Example Button">
   </form>
   </body>
</html>
```

其结果显示如图5-5。

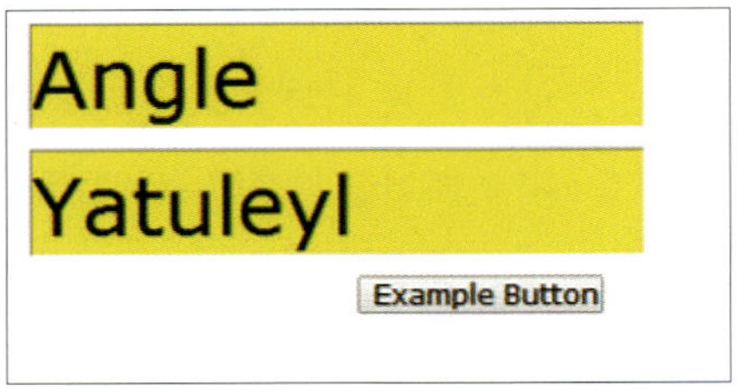

图5-5 使用属性选择器设置表单

5.5 元素选择器

最常见的CSS选择器是元素选择器。文档的元素就是最基本的选择器。如果设置了HTML的样式，选择器通常将是某 HTML元素，比如p、h1、em、a，甚至可以是html本身。下例为HTML、h1、h2、p设置了字体样式。

构建如下HTML代码：

```
<html>
  <head>
    <style type= "text/css">
      html {color:green;}
      h1 {color:blue;}
      h2 {color:red;}
      p{line-height:30px;}
    </style>
  </head>
  <body>
    <h1>《相见欢》</h1>
    <h2>铃木火子</h2>
    <p>
      你来过。我没在。</br>
      樱桃还绿着</br>
      错过之后的相遇</br>
      带来玫瑰和鸽子，</br>
      带来承诺的虚空</br>
      你的刀</br>
      刻在我的心上。</br>
      像红色的吻。</br>
      印在欢乐的刀锋。</p>
  </body>
</html>
```

显示结果如图5-6所示。

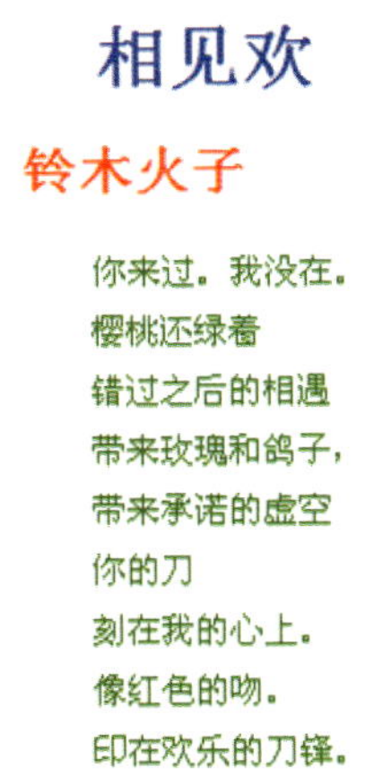

◆ 图5-6　元素选择器实例

5.6 CSS背景

5.6.1 背景色

可以使用background-color属性为元素设置背景色。这个属性接受任何合法的颜色值。

可以为所有元素设置背景色，这包括body一直到em和a等行内元素。

background-color其默认值是transparent。transparent有“透明”之意。也就是说，如果一个元素没有指定背景色，那么背景就是透明的。

构建如下HTML代码：

```
<html>
<head>
<style type= "text/css">
*{padding:0;margin:0;}
html {background-color:gray;}
h1 {color:blue;}
h2 {color:red;}
p {line-height:25px;text-indent:20px;}
</style>
</head>
<body>
<h1>《月是一杯酒》</h1>
<h2>龙潭山人</h2>
<pre>
  对影成三人
  独缺你
    高挂桂枝上
    但，无处不在的银色
    满腹的心事
    月是酒杯口
    夜的酒樽笼罩了
    醉醺醺，月朦胧
    那些生活的嗝
    印在欢乐的刀锋。</pre>
<!-pre 元素可定义预格式化的文本。被包围在 pre 元素中的文本通常会保留空格和换行符。而文本也会呈现为等宽字体。-->
</body>
  </html>
```

显示结果如图5-7所示。

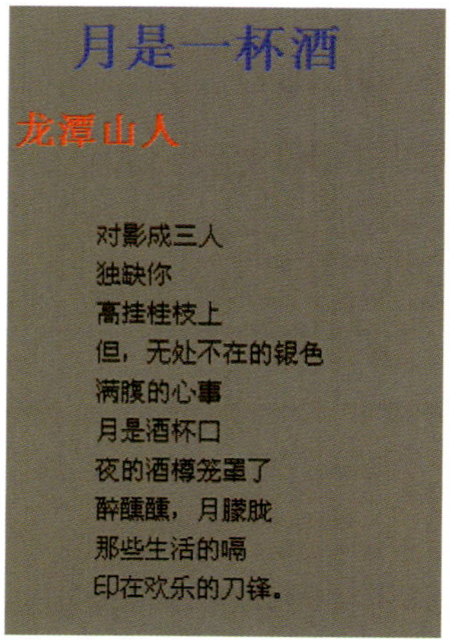

◆ 图5-7　CSS设置背景色实例

5.6.2 背景图像

要把图像放入背景，需要使用 background-image 属性。background-image 属性的默认值是none，表示背景上没有放置任何图像。如果需要设置一个背景图像，必须为这个属性设置一个 URL值，其语法如下：

```
body {background-image: url( );}
```

如果需要在页面上对背景图像进行平铺，可以使用 background-repeat 属性。

属性值 repeat 导致图像在水平垂直方向上都平铺。repeat-x 和 repeat-y 分别导致图像只在水平或垂直方向上重复，no-repeat 则不允许图像在任何方向上平铺。背景图像默认从一个元素的左上角开始。请看下面的例子：

构建如下 HTML代码：

```
<html>
  <head>
    <style type= "text/css">
    body {background-image:url(/i/eg_bg_04.gif);}
    #p{font-size:25px;
    line-height:40px;
    margin:20 0 0 30px;
    letter-spacing:-1px;}
    </style>
  </head>
  <body>
    <p id= "p">If by life you were deceived</br>
    don't be dismal ,don't be wild!</br>
    in the day of grief,be mild</br>
    Merry days will come,believe </br>
    Heart is living in tomorrow</br>
    Present is dejected here;</br>
    In a moment, passes sorrow;</br>
    That which passes will be dear.</p>
  </body>
</html>
```

显示结果如图 5-8 所示。

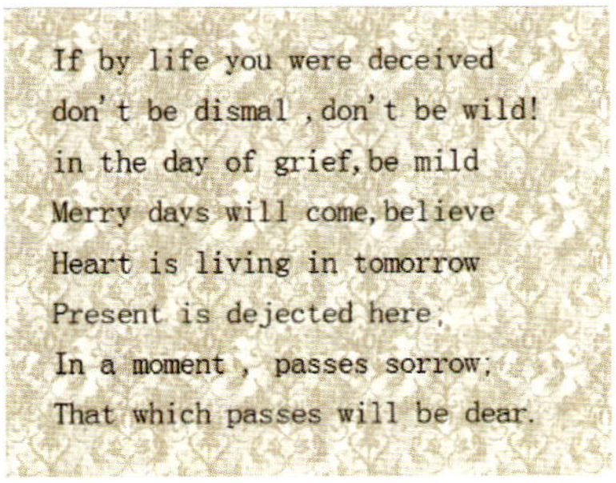

◆ 图5-8 设置背景图像

5.7 CSS文本

使用CSS 文本属性可设置文本的颜色、字符间距、对齐文本、装饰文本、对文本进行缩进，等等。

5.7.1 缩进文本、行间距、字符大小

段落的第一行缩进，这是一种最常用的文本格式化效果。使用CSS 提供的 text-indent 属性，可以方便地实现文本缩进。使用line-height属性可以设置文本的行间距；使用font-size属性设置字符的大小。

通过使用 text-indent 属性，所有元素的第一行都可以缩进一个给定的长度，甚至该长度可以是负值。一般来说，可以为所有块级元素应用text-indent属性进行缩进，但无法将该属性应用于行内元素，图像之类的替换元素上也无法应用 text-indent 属性。不过，如果一个块级元素（比如段落）的首行中有一个图像，它会随该行的其余文本移动。如果想把一个行内元素的第一行“缩进”，可以用左内边距或外边距创造这种效果。

如下例，构建如下 HTML代码：

```
<html>
  <head>
   <style stype= "text/css">
   p{text-indent:2em;
   line-height:1.8em;
   font-size:18px;}
   </style>
  </head>
  <body>
    <p>先帝创业未半而中道崩殂，今天下三分，益州疲弊，此诚危急存亡之秋也。
    然侍卫之臣不懈于内，忠志之士忘身于外者，盖追先帝之殊遇，欲报之于陛下
    也。诚宜开张圣听，以光先帝遗德，恢弘志士之气，不宜妄自菲薄，引喻失义，
    以塞忠谏之路也。</p>
    <p>宫中府中，俱为一体，陟罚臧否，不宜异同。若有作奸犯科及为忠善者，宜
    付有司论其刑赏，以昭陛下平明之理，不宜偏私，使内外异法也。侍中、侍郎
    郭攸之、费祎、董允等，此皆良实，志虑忠纯，是以先帝简拔以遗陛下。愚以
    为宫中之事，事无大小，悉以咨之，然后施行，必得裨补阙漏，有所广益。
    ......</p>
  </body>
</html>
```

显示结果如图5-9所示。

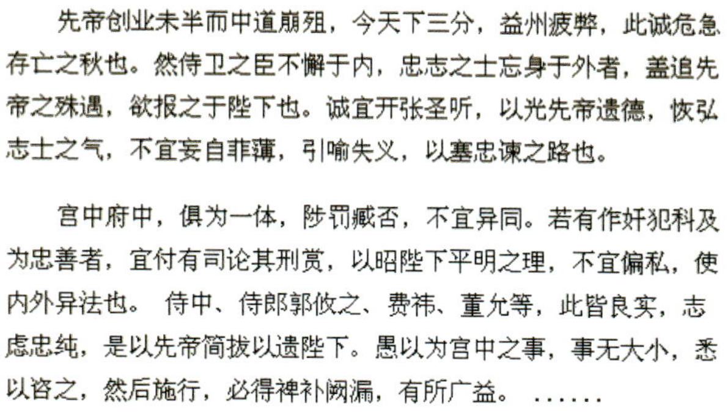

◆ 图5-9 CSS字体缩进及行间距、字体大小设置

本例中使用text-indent、line-height、font-size分别为段落文字设置了首行缩进、行间距、文字大小属性。注意此处“em”是字符高度，其数值会随文字大小的变化而变化，本案例中2em相当于32px。

5.7.2 字间距、文字间距、对齐样式、字符间距

text-align属性设置文本的对齐方式，其值有：center、left、right、justify几种格式。word-spacing 属性可以改变字（单词）之间的标准间隔，其值可以是负值也可以是正值，负值缩小字符之间的间距。letter-spacing 属性与 word-spacing 的区别在于，字母间隔修改的是字符或字母之间的间隔。

如下例，构建如下HTML代码：

```
<html>
  <head>
   <style stype= "text/css">
    p{line-height:1.8em;font-size:20px;
       text-align:center;margin:0 0 0 20px;
       word-spacing:-2px;
       letter-spacing:0.5px;}
    h1{text-alogn:center;}
    h3{text-align:right;}
   </style>
  </head>
  <body>
    <h1>《When you are old》</h1>
    <h3>--- William Butler Yeats</h3>
   <p>
```

```
        When you are old and grey and full of sleep, </br>
        And nodding by the fire, take down this book,</br>
        And slowly read,and dream of the soft look, </br>
        Your eyes had once,and of their shadows deep; </br>
        ......</br>
        </p>
    </body>
</html>
```

显示结果如图5-10所示。

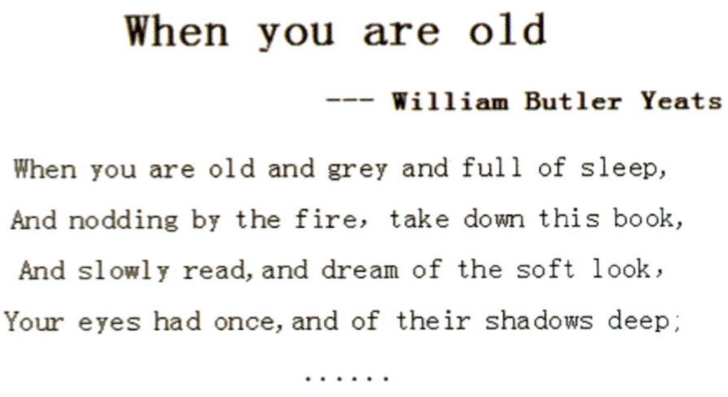

◆ 图5-10 使用CSS设置字间距、文字间距、对齐样式、字符间距显示效果

5.7.3 文本装饰

使用text-decoration属性，可以为文本添加很多非常有趣的装饰效果。

text-decoration属性有5个值：none，underline，overline，line-through，blink。underline会对元素加下画线。overline的作用恰好相反，会在文本的顶端画一个上画线。line-through则在文本中间画一个贯穿线。blink 会让文本闪烁。none值会关闭原本应用到一个元素上的所有装饰。通常，无装饰的文本是默认外观，但也不总是这样。例如，链接的外观默认地会有下画线。如果要去掉超链接的下画线，可以使用以下CSS样式来做到这一点。

如下例，构建如下HTML代码：

```
<html>
    <head>
      <style stype= "text/css">
          p1{text-decoration:overline;line-height:2em;}
          p2{text-decoration:underline;line-height:2em;}
          p3{text-decoration:line-through;line-height:2em;}
          p4{text-decoration:none;line-height:2em;}
      </style>
```

```
</head>
<body>
 <p1>
 大江东去，浪淘尽，千古风流人物。</br>
 故垒西边，人道是，三国周郎赤壁。</br>
 </p1>
 <p2>
 乱石穿空，惊涛拍岸，卷起千堆雪。</br>
 江山如画，一时多少豪杰。</br>
 </p2>
 <p3>
 遥想公瑾当年，小乔初嫁了，雄姿英发。</br>
 羽扇纶巾，谈笑间、樯橹灰飞烟灭。</br>
 </p3>
 <p4>
 故国神游，多情应笑我，早生华发。</br>
 人生如梦，一樽还酹江月。</br>
 </p4>
</body>
</html>
```

显示结果如图5-11所示。

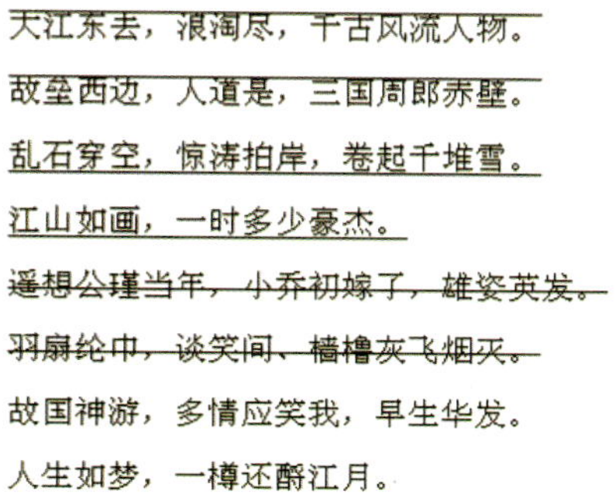

◆ 图5-11 text-decoration属性之overline、underline、line-through、none显示效果

5.7.4 空白符

white-space属性会影响到用户对源文档中的空格、换行和tab字符的处理。

通过使用该属性，可以影响浏览器处理字之间和文本行之间的空白符的方式。从某种程度上讲，默认的XHTML处理已经完成了空白符处理，它会把所有空白符合并为一个空格。所以给定以下标记，它在Web浏览器中显示时，各个字之间只会显示一个空格，同时忽略元素中的换行。

white-space属性包含pre和normal两个属性值。normal则会丢到空白符，而pre值会保留文本中的空白符，如图5-12所示。

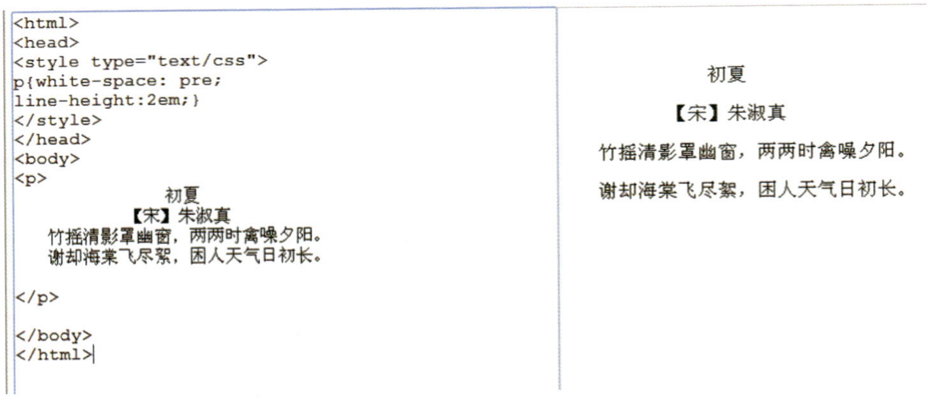

◆ 图5-12　white-space之pre值显示效果（左侧为代码，右侧为显示效果）

5.8 CSS链接

能够设置链接样式的 CSS 属性有很多种，例如 color, font-family, background 等。链接的特殊性在于能够根据它们所处的状态来设置它们的样式。

链接呈现为以下四种状态：

①a:link——普通的、未被访问的链接

②a:visited——用户已访问的链接

③a:hover——鼠标指针位于链接的上方

④a:active——链接被点击的时刻

如下例，构建如下的代码：

```
<html>
  <head>
    <style>
      a:link {color:#FF0000;}
      a:visited {color:#00FF00;}
      a:hover {color:#FF00FF;}
      a:active {color:#0000FF;}
    </style>
  </head>
 <body>
   <p><a href=" " target="_blank">这是一个链接</a></p>
  </body>
</html>
```

结果如图5-13所示。

当为链接的不同状态设置样式时，请按照以下次序规则：

①a:hover 必须位于 a:link 和 a:visited 之后。

②a:active 必须位于 a:hover 之后。

查看结果：

这是一个链接

◆ 图 5-13　链接显示（该链接在未访问、点击时、鼠标放置链接上时、访问后呈现不同颜色的标记）

5.9 CSS列表

可以为列表设置列表类型（list-style-type）、列表项图像（list-style-image）、列表标志位置（list-style-position）等属性。

5.10 CSS表格

CSS 表格属性可以通过边框、表格的宽度与高度、表格文本的对齐方式、表格的色彩等属性值，帮你改善表格的外观。

如需在 CSS 中设置表格边框，请使用 border 属性。

下面的例子为 table、th 以及 td 设置了蓝色边框：

```
table, th, td { border: 1px solid blue; }
```

请注意，上例中的表格具有双线条边框。这是由于 table、th 以及 td 元素都有独立的边框。如果需要把表格显示为单线条边框，请使用 border-collapse 属性。

border-collapse 属性设置是否将表格边框折叠为单一边框：

```
例如：table { border-collapse:collapse; }
table,th, td { border: 1px solid black; }
```

通过 width 和 height 属性定义表格的宽度和高度；

```
例如：table { width:100%; }
th { height:50px; }
```

text-align 和 vertical-align 属性设置表格中文本的对齐方式。

text-align 属性设置水平对齐方式，比如左对齐、右对齐或者居中：

例如：td { text-align:right; }

vertical-align 属性设置垂直对齐方式，比如顶部对齐、底部对齐或居中对齐：

例如：td { height:50px; vertical-align:bottom; }

如需控制表格中内容与边框的距离，请为 td 和 th 元素设置 padding 属性：

例如：td { padding:15px; }

5.11 CSS框模型

在CSS中，具有“块”属性的元素均可以使用框模型进行定义与使用。CSS 框模型 (Box Model) 规定了元素框处理元素内容、内边距、边框和外边距的方式。

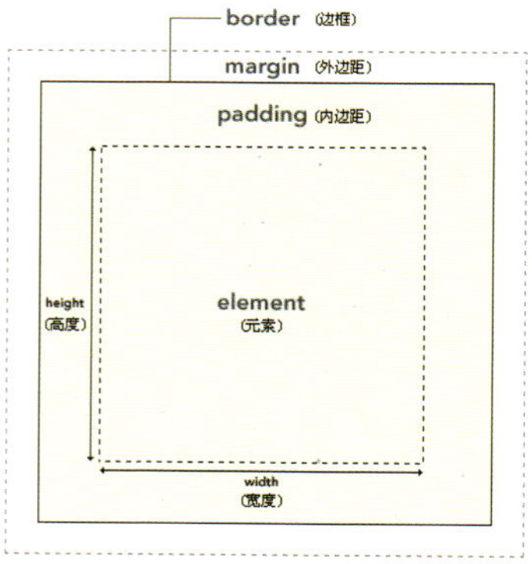

◆ 图5-14　CSS框模型示意图

CSS 框模型包括元素内容（element）、内边距（padding）、边框（border）和外边距（margin）四个部分。元素框的中央是元素内容，直接包围内容的是内边距，最外层的是外边距，内边距与外边距交接处是边框。内边距呈现元素的背景。边框以外是外边距，外边距默认是透明的，因此不会遮挡其后的任何元素。内边距、边框和外边距都是可选的，默认值是零。也可以通过将元素的 margin 和 padding进行设置。

在 CSS 中，width 和 height 指的是内容区域的宽度和高度。增加内边距、边框和外边距不会影响内容区域的尺寸，但是会增加元素框的总尺寸。内边距、边框和外边距可以应用于一个元素的所有边，也可以应用于单独的边。外边距可以是负值，而且在很多情况下都要使用负值的外边距。

如下例，构建如下HTML代码：

```
<html>
<head>
<style type= "text/css">
  p{text-indent:2em;font-size:18px; line-height:2em;
    padding:10px;
    margin:30 0 0 50;border:4px solid blue;
    width:500px;heigh:400px;}
</style>
</head>
<body>
<p>
外边距合并初看上去可能有点奇怪，但实际上它是有意义的。以由几个段落组成的典型文本页面为例。第一个段落上面的空间等于段落的上外边距。如果没有外边距合并，后续所有段落之间的外边距都将是相邻上外边距和下外边距的和。这意味着段落之间的空间是页面顶部的两倍。如果发生外边距合并，段落之间的上外边距和下外边距就合并在一起，这样各处的距离就一致了。
</p>
</body>
</html>
```

显示结果如图5-15所示。

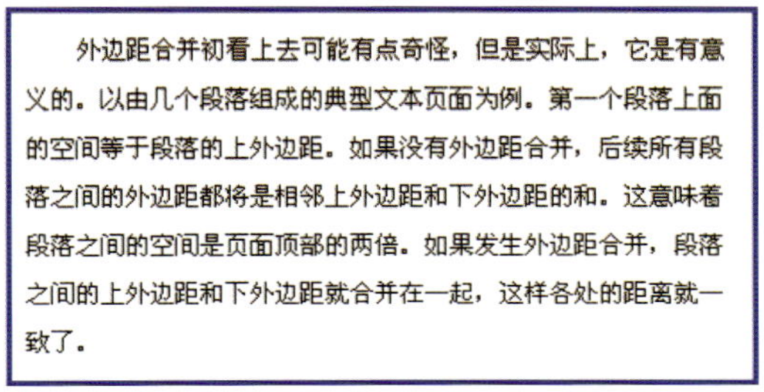

◆ 图5-15　框模型实例

上例中通过设置padding、margin、border、width、height属性及属性值，设置p（块元素）的内外边距、边框、元素的宽度与高度。

5.12 CSS定位

CSS有三种基本的定位机制：普通流、浮动和绝对定位。除非专门指定，否则所有框都在普通流中定位。块级框从上到下一个接一个地排列，框之间的垂直距离是由框的垂直外边距计算出来。行内框在一行中水平布置，可以使用水平内边距、边框和外边距调整它们的间距。但是，垂直内边距、边框和外边距不影响行内框的高度。由一行形成的水平框称为行框（Line Box），行框的高度总是足以容纳它包含的所有行内框。不过，设置行高可以增加这个框的高度。

CSS position 属性可以为框设置定位样式，它有 static、relative、absolute、fix 四种属性值，不同的属性值会影响到框生成的方式。

position 属性值的含义：

static

元素框正常生成。块级元素生成一个矩形框，作为文档流的一部分，行内元素则会创建一个或多个行框，置于其父元素中。

relative

元素框偏移某个距离。元素仍保持其未定位前的形状，它原本所占的空间仍保留。

absolute

元素框从文档流完全删除，并相对于其包含块定位。包含块可能是文档中的另一个元素或者是初始包含块。元素原先在正常文档流中所占的空间会关闭，就好像元素原来不存在一样。元素定位后生成一个块级框，而不论原来它在正常流中生成何种类型的框。

fixed

元素框的表现类似于将 position 设置为 absolute，不过其包含块是视窗本身。

5.12.1 CSS 相对定位

相对定位是指元素相对于其原来的位置而言，其位置会发生变化，其原来所占位置依然保留。如果将top设置为20px，那么框将在原位置顶部下面20像素的地方。如果left设置为30像素，那么会在元素左边创建 30 像素的空间，也就是将元素向右移动。如图5-16所示：

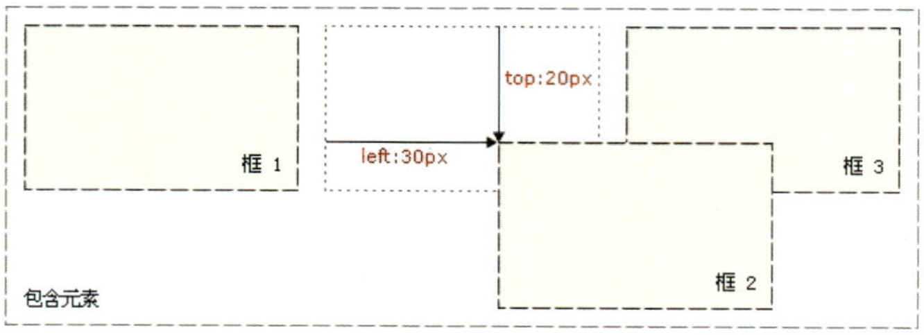

◆ 图5-16　相对定位示意图

图5-16中框2相对于原来的位置向左下角移动了，但对其原来的位置依然进行了保留。在使用相对定位时，无论是否进行移动，元素仍然占据原来的空间。因此，移动元素会导致它覆盖其他框。

5.12.2 CSS 绝对定位

设置为绝对定位的元素框会被从文档流完全删除。元素原先在正常文档流中所占的空间会关闭，就好像该元素原来不存在一样。绝对定位使元素的位置与文档流无关，因此不占据空间。这一点与相对定位不同，相对定位实际上被看作普通流定位模型的一部分，因为元素的位置相对于它在普通流中的位置。

```
#box_relative {
    position: absolute;
    left: 30px;
    top: 20px;
}
```

如图5-17所示：

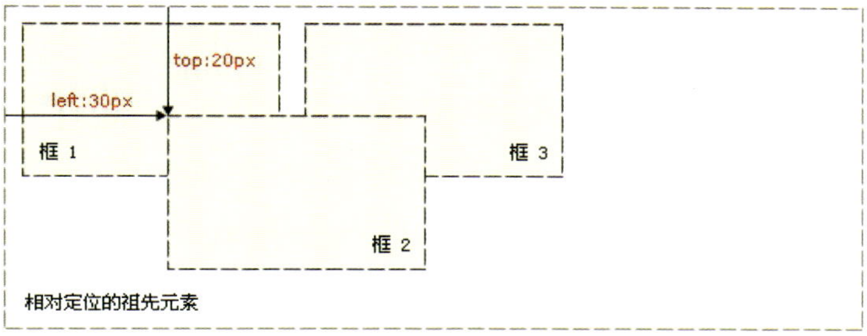

◆ 图5-17　绝对定位示意图

绝对定位的元素位置是相对于最近的已定位祖先元素，如果元素没有已定位的祖先元素，那么它的位置相对于最初的包含块。

对于定位的主要问题是要记住每种定位的意义。相对定位是“相对于”元素在文档中的初始位置，而绝对定位是“相对于”最近的已定位祖先元素，如果不存在已定位的祖先元素，那么“相对于”最初的包含块。

因为绝对定位的框与文档流无关，所以它们可以覆盖页面上的其他元素。可以通过设置 z-index 属性来控制这些框的堆放次序。

5.12.3 CSS 浮动

浮动的框可以向左或向右移动，直到它的外边缘碰到包含框或另一个浮动框的边框为止。

由于浮动框不在文档的普通流中，所以文档普通流中的块框表现得就像浮动框不存在一样。请看图5–18，当把框 1 向右浮动时，它脱离文档流并且向右移动，直到它的右边缘碰到包含框的右边缘：

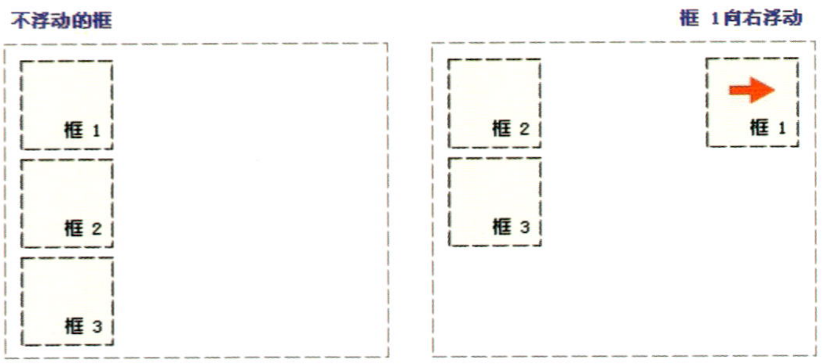

◆ 图5–18　CSS浮动示意图1

再请看图5–19，当框1向左浮动时，它脱离文档流并且向左移动，直到它的左边缘碰到包含框的左边缘。因为它不再处于文档流中，所以它不占据空间，实际上覆盖住了框 2，使框 2 从视图中消失，如图5–19所示左图。

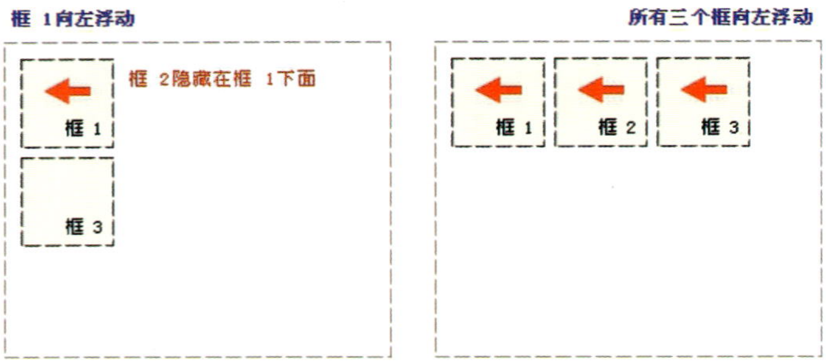

◆ 图5–19　CSS浮动示意图2

如果把所有三个框都向左移动，那么框 1 向左浮动直到碰到包含框，另外两个框向左浮动直到碰到前一个浮动框，如图5–19所示右图。

如果包含框太窄，无法容纳水平排列的三个浮动元素，那么其他浮动块向下移动，直到有足够的空间。如果浮动元素的高度不同，那么当它们向下移动时可能被其他浮动元素“卡住”，如图5–20所示。

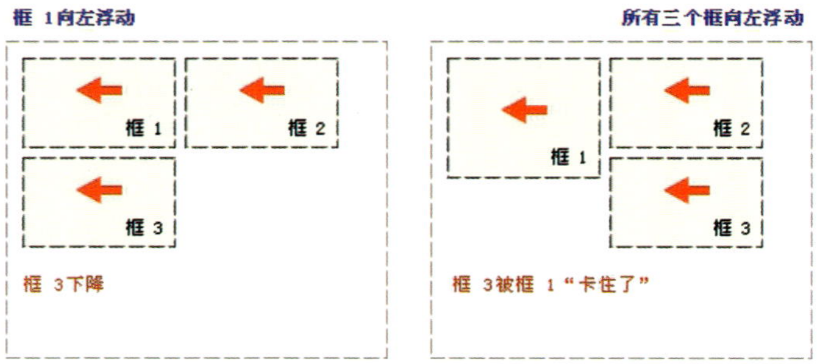

◆ 图5–20　CSS浮动示意图3

在CSS中，通过float属性看可以实现元素的浮动。元素的水平方向浮动，意味着元素只能左右移动而不能上下移动。一个浮动元素会尽量向左或向右移动，直到它的外边缘碰到包含框或另一个浮动框的边框为止。浮动元素之后的元素将围绕它。浮动元素之前的元素将不会受到影响。如果图像是右浮动，下面的文本流将环绕在它左边。

CSS浮动如下例所示，可以构建如下代码：

```
<html>
  <head>
    <style>
    .thumbnail
    {
      float:left;
      width:110px;
      height:90px;
      margin:5px;
    }
    </style>
  </head>
  <body>
  <h3>图片库</h3>
  <p>试着调整窗口,看看当图片没有足够的空间会发生什么。</p>
  <img class="thumbnail" src="/statics/images/course/klematis_small.jpg"
  width="107" height="90">
  <img class="thumbnail"
  src="/statics/images/course/klematis2_small.jpg" width="107"
  height="80">
  <img class="thumbnail"
  src="/statics/images/course/klematis3_small.jpg" width="107"
  height="90">
  <img class="thumbnail"
  src="/statics/images/course/klematis4_small.jpg" width="107"
  height="90">
  <img class="thumbnail"
  src="/statics/images/course/klematis_small.jpg" width="107"
  height="90">
  <img class="thumbnail"
  src="/statics/images/course/klematis2_small.jpg" width="107"
  height="80">
```

```
    <img class="thumbnail"
    src="/statics/images/course/klematis3_small.jpg" width="107"
    height="90">
    <img class="thumbnail"
    src="/statics/images/course/klematis4_small.jpg" width="107"
    height="90">
</body>
</html>
```

显示结果如图 5-21（A、B、C、D）所示：

◆ 图 5-21　图像元素浮动

5.12.4 CSS clear 属性

元素浮动之后，周围的元素会重新排列，为了避免这种情况出现，使用 clear 属性。clear 属性指定元素两侧不能出现浮动元素。

如下列，构建如下代码：

```
<html>
<head>
  <style>
    .thumbnail
    {
      float:left;
      width:110px;
      height:90px;
      margin:5px;
    }
    .text_line
    {
     clear:both;
     margin-bottom:2px;
    }
  </style>
</head>
<body>
  <h3>第一组</h3>
  <img class="thumbnail" src="/statics/images/course/klematis_small.jpg"
  width="207" height="90">
  <img class="thumbnail" src="/statics/images/course/klematis2_small.jpg"
  width="107" height="80">
  <img class="thumbnail" src="/statics/images/course/klematis3_small.jpg"
  width="116" height="90">
  <img class="thumbnail" src="/statics/images/course/klematis4_small.jpg"
  width="120" height="90">
  <h3 class="text_line">第二组</h3>
  <img class="thumbnail" src="/statics/images/course/klematis_small.jpg"
  width="107" height="90">
  <img class="thumbnail" src="/statics/images/course/klematis2_small.jpg"
  width="107" height="80">
  <img class="thumbnail" src="/statics/images/course/klematis3_small.jpg"
  width="116" height="90">
  <img class="thumbnail" src="/statics/images/course/klematis4_small.jpg"
width="120" height="90">
</body>
</html>
```

显示结果如图5-22所示，当放大窗口是显示如图5-23所示。

◆ 图5-22　CSS clear 属性

◆ 图5-23　CSS clear 属性

结合上述代码，可以发现三级标题“第二组”不受浮动元素（图片）重新排列的影响，主要原因在于其使用了“clear属性”清除了浮动元素对其的影响。使用的语法为：clear:both。

CSS浮动不仅可以实现图像以及块元素的浮动，也可以使段落的首字母浮动于左侧，并向这个字母添加样式。

构建如下代码：其结果如图5-24所示。

```
<html>
  <head>
    <style type="text/css">
        span
        {
        float:left;
        width:1em;
        font-size:400%;
        line-height:80%;
        }
        p{line-height:140%;}
        #pl{margin:20 20 0 20px;text-align:justify;}
    </style>
</head>
<body>
    <p id="pl">
```

```
<span>除</span>夕那一天，客家人还有守岁的习惯，每一家都会熬通宵，这称之为‘点岁火’，火笼里面加上炭又被称之为‘沤火桶’，大家聚集在一起，迎接新的一年的到来。等到腊月三十大家吃过早餐之后，谁家在这一年添了男丁之后，还要派人到族祠中打扫卫生，再将祠堂中的墙壁都粉刷一遍，到了下午的时候，就陆续的有人带着祭品来到祠堂进行祭拜。每年到了这个时侯，祠堂中的香火就一直不断，爆竹声一直响到黄昏。
  </p>
 </body>
</html>
```

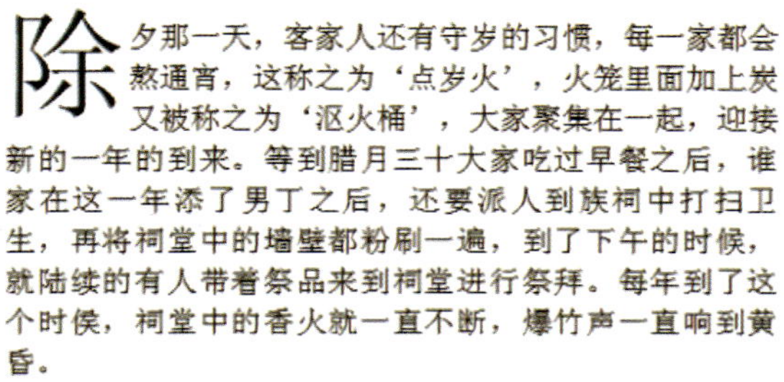

◆ 图5-24 首字母浮动

利用浮动属性也可以实现网页的水平菜单设置、网页的布局设置。

如下例，使用浮动来创建拥有页眉、页脚、左侧目录和主体内容的首页。

构建如下代码：

```
<html>
 <head>
  <style type="text/css">
  div.container
  {
  width:100%;
  margin:0px;
  border:1px solid gray;
  line-height:150%;
  }
  div.header,div.footer
  {
  padding:1em;
  color:white;
  background-color:gray;
  clear:left;
```

```
}
h1.header
{
padding:0;
margin:15;
}
div.left
{
float:left;
width:140px;
margin:0;
padding:1em;
text-align:right;
font-size:10px;
}
div.content
{
margin-left:190px;
border-left:1px solid gray;
padding:1em;
}
div.footer
{text-align:center;
font-size:10px;
}
</style>
</head>
<body>
<div class="container">
<div class="header"><h1 class="header">Studying CSS</h1>
</div>
<div class="left"><p>"Never increase, beyond what is necessary, the number of
entities required to explain anything." William of Ockham (1285-1349)</p>
</div>
<div class="content">
```

```
        <h2>Free Web Building Tutorials</h2>
        <p>At W3School.com.cn you will find all the Web-building tutorials you need,from basic
HTML and XHTML to advanced XML, XSL, Multimedia and WAP.</p>
        </div>
        <div class="footer">Copyright 2008 by YingKe Investment.</div>
        </div>
        </body>
</html>
```

显示结果，如图5-25所示。

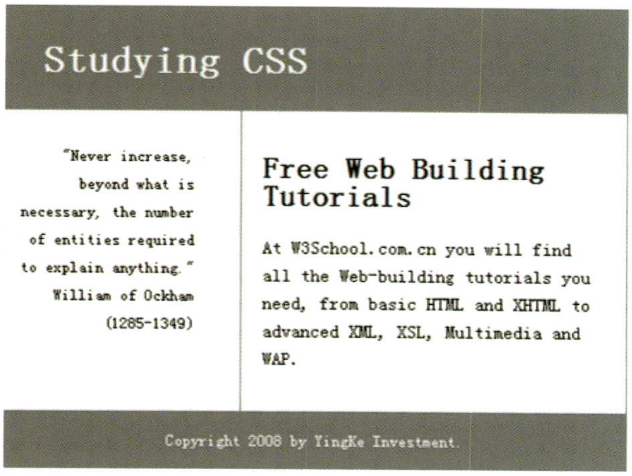

◆ 图5-25　使用CSS浮动进行网页布局

5.13 CSS属性快速参考手册

表5-1　CSS动画属性（Animation）

属性	描述	CSS
@keyframes	规定动画	3
animation	所有动画属性的简写属性，除了 animation-play-state 属性	3
animation-name	规定 @keyframes 动画的名称	3
animation-duration	规定动画完成一个周期所花费的秒或毫秒	3
animation-timing-function	规定动画的速度曲线	3
animation-delay	规定动画何时开始	3
animation-iteration-count	规定动画被播放的次数	3
animation-direction	规定动画是否在下一周期逆向地播放	3
animation-play-state	规定动画是否正在运行或暂停	3
animation-fill-mode	规定对象动画时间之外的状态	3

表 5-2　CSS 背景属性（Background）

属性	描述	CSS
background	在一个声明中设置所有的背景属性	1
background-attachment	设置背景图像是否固定或者随着页面的其余部分滚动	1
background-color	设置元素的背景颜色	1
background-image	设置元素的背景图像	1
background-position	设置背景图像的开始位置	1
background-repeat	设置是否及如何重复背景图像	1
background-clip	规定背景的绘制区域	3
background-origin	规定背景图片的定位区域	3
background-size	规定背景图片的尺寸	3

表 5-3　CSS 边框属性（Border 和 Outline）

属性	描述	CSS
border	在一个声明中设置所有的边框属性	1
border-bottom	在一个声明中设置所有的下边框属性	1
border-bottom-color	设置下边框的颜色	2
border-bottom-style	设置下边框的样式	2
border-bottom-width	设置下边框的宽度	1
border-color	设置四条边框的颜色	1
border-left	在一个声明中设置所有的左边框属性	1
border-left-color	设置左边框的颜色	2
border-left-style	设置左边框的样式	2
border-left-width	设置左边框的宽度	1
border-right	在一个声明中设置所有的右边框属性	1
border-right-color	设置右边框的颜色	2
border-right-style	设置右边框的样式	2
border-right-width	设置右边框的宽度	1
border-style	设置四条边框的样式	1
border-top	在一个声明中设置所有的上边框属性	1
border-top-color	设置上边框的颜色	2
border-top-style	设置上边框的样式	2
border-top-width	设置上边框的宽度	1
border-width	设置四条边框的宽度	1

续表 5-3

属性	描述	CSS
outline	在一个声明中设置所有的轮廓属性	2
outline-color	设置轮廓的颜色	2
outline-style	设置轮廓的样式	2
outline-width	设置轮廓的宽度	2
border-bottom-left-radius	定义边框左下角的形状	3
border-bottom-right-radius	定义边框右下角的形状	3
border-image	简写属性，设置所有 border-image-* 属性	3
border-image-outset	规定边框图像区域超出边框的量	3
border-image-repeat	图像边框是否应平铺 (repeated)、铺满 (rounded) 或拉伸 (stretched)	3
border-image-slice	规定图像边框的向内偏移	3
border-image-source	规定用作边框的图片	3
border-image-width	规定图片边框的宽度	3
border-radius	简写属性，设置所有四个 border-*-radius 属性	3
border-top-left-radius	定义边框左上角的形状	3
border-top-right-radius	定义边框右下角的形状	3
box-decoration-break		3
box-shadow	向方框添加一个或多个阴影	3

表 5-4　Box 属性

属性	描述	CSS
overflow-x	如果内容溢出了元素内容区域，是否对内容的左 / 右边缘进行裁剪	3
overflow-y	如果内容溢出了元素内容区域，是否对内容的上 / 下边缘进行裁剪	3
overflow-style	规定溢出元素的首选滚动方法	3
rotation	围绕由 rotation-point 属性定义的点对元素进行旋转	3
rotation-point	定义距离上左边框边缘的偏移点	3

表 5-5　Color 属性

属性	描述	CSS
color-profile	允许使用源的颜色配置文件的默认以外的规范	3
opacity	规定元素的不透明级别	3
rendering-intent	允许使用颜色配置文件渲染意图的默认以外的规范	3

表 5-6　Content for Paged Media 属性

属性	描述	CSS
bookmark-label	规定书签的标记	3
bookmark-level	规定书签的级别	3
bookmark-target	规定书签链接的目标	3
float-offset	将元素放在 float 属性通常放置的位置的相反方向	3
hyphenate-after	规定连字单词中连字符之后的最小字符数	3
hyphenate-before	规定连字单词中连字符之前的最小字符数	3
hyphenate-character	规定当发生断字时显示的字符串	3
hyphenate-lines	指示元素中连续断字连线的最大数	3
hyphenate-resource	规定帮助浏览器确定断字点的外部资源（逗号分隔的列表）	3
hyphens	设置如何对单词进行拆分，以改善段落的布局	3
image-resolution	规定图像的正确分辨率	3
marks	向文档添加裁切标记或十字标记	3
string-set		3

表 5-7　CSS 尺寸属性（Dimension）

属性	描述	CSS
height	设置元素高度	1
max-height	设置元素的最大高度	2
max-width	设置元素的最大宽度	2
min-height	设置元素的最小高度	2
min-width	设置元素的最小宽度	2
width	设置元素的宽度	1

表 5-8　可伸缩框属性（Flexible Box）

属性	描述	CSS
box-align	规定如何对齐框的子元素	3
box-direction	规定框的子元素的显示方向	3
box-flex	规定框的子元素是否可伸缩	3
box-flex-group	将可伸缩元素分配到柔性分组	3
box-lines	规定当超出父元素框的空间时，是否换行显示	3
box-ordinal-group	规定框的子元素的显示次序	3
box-orient	规定框的子元素是否应水平或垂直排列	3
box-pack	规定水平框中的水平位置或者垂直框中的垂直位置	3

表 5-9　CSS 字体属性（Font）

属性	描述	CSS
font	在一个声明中设置所有字体属性	1
font-family	规定文本的字体系列	1
font-size	规定文本的字体尺寸	1
font-size-adjust	为元素规定 aspect 值	2
font-stretch	收缩或拉伸当前的字体系列	2
font-style	规定文本的字体样式	1
font-variant	规定是否以小型大写字母的字体显示文本	1
font-weight	规定字体的粗细	1

表 5-10　内容生成（Generated Content）

属性	描述	CSS
content	与 :before 以及 :after 伪元素配合使用，来插入生成内容	2
counter-increment	递增或递减一个或多个计数器	2
counter-reset	创建或重置一个或多个计数器	2
quotes	设置嵌套引用的引号类型	2
crop	允许被替换元素仅仅是对象的矩形区域，而不是整个对象	3
move-to	从流中删除元素，然后在文档中后面的点上重新插入	3
page-policy	确定元素基于页面的 occurrence 应用于计数器还是字符串值	3

表 5-11　Grid 属性

属性	描述	CSS
grid-columns	规定网格中每个列的宽度	3
grid-rows	规定网格中每个列的高度	3

表 5-12　Hyperlink 属性

属性	描述	CSS
target	简写属性，设置 target-name、target-new 以及 target-position 属性	3
target-name	规定在何处打开链接（链接的目标）	3
target-new	规定目标链接在新窗口还是在已有窗口的新标签页中打开	3
target-position	规定在何处放置新的目标链接	3

表 5-13 CSS 列表属性（List）

属性	描述	CSS
list-style	在一个声明中设置所有的列表属性	1
list-style-image	将图象设置为列表项标记	1
list-style-position	设置列表项标记的放置位置	1
list-style-type	设置列表项标记的类型	1
marker-offset		2

表 5-14 CSS 外边距属性（Margin）

属性	描述	CSS
margin	在一个声明中设置所有外边距属性	1
margin-bottom	设置元素的下外边距	1
margin-left	设置元素的左外边距	1
margin-right	设置元素的右外边距	1
margin-top	设置元素的上外边距	1

表 5-15 Marquee 属性

属性	描述	CSS
marquee-direction	设置移动内容的方向	3
marquee-play-count	设置内容移动多少次	3
marquee-speed	设置内容滚动得多快	3
marquee-style	设置移动内容的样式	3

表 5-16 多列属性（Multi-column）

属性	描述	CSS
column-count	规定元素应该被分隔的列数	3
column-fill	规定如何填充列	3
column-gap	规定列之间的间隔	3
column-rule	设置所有 column-rule-* 属性的简写属性	3
column-rule-color	规定列之间规则的颜色	3
column-rule-style	规定列之间规则的样式	3
column-rule-width	规定列之间规则的宽度	3
column-span	规定元素应该横跨的列数	3
column-width	规定列的宽度	3
columns	规定设置 column-width 和 column-count 的简写属性	3

表 5-17　CSS 内边距属性（Padding）

属性	描述	CSS
padding	在一个声明中设置所有内边距属性	1
padding-bottom	设置元素的下内边距	1
padding-left	设置元素的左内边距	1
padding-right	设置元素的右内边距	1
padding-top	设置元素的上内边距	1

表 5-18　Paged Media 属性

属性	描述	CSS
fit	示意如何对 width 和 height 属性均不是 auto 的被替换元素进行缩放	3
fit-position	定义盒内对象的对齐方式	3
image-orientation	规定用户代理应用于图像的顺时针方向旋转	3
page	规定元素应该被显示的页面特定类型	3
size	规定页面内容包含框的尺寸和方向	3

表 5-19　CSS 定位属性（Positioning）

属性	描述	CSS
bottom	设置定位元素下外边距边界与其包含块下边界之间的偏移	2
clear	规定元素的哪一侧不允许其他浮动元素	1
clip	剪裁绝对定位元素	2
cursor	规定要显示的光标的类型（形状）	2
display	规定元素应该生成的框的类型	1
float	规定框是否应该浮动	1
left	设置定位元素左外边距边界与其包含块左边界之间的偏移	2
overflow	规定当内容溢出元素框时发生的事情	2
position	规定元素的定位类型	2
right	设置定位元素右外边距边界与其包含块右边界之间的偏移	2
top	设置定位元素的上外边距边界与其包含块上边界之间的偏移	2
vertical-align	设置元素的垂直对齐方式	1
visibility	规定元素是否可见	2
z-index	设置元素的堆叠顺序	2

表 5-20 CSS 打印属性（Print）

属性	描述	CSS
orphans	设置当元素内部发生分页时必须在页面底部保留的最少行数	2
page-break-after	设置元素后的分页行为	2
page-break-before	设置元素前的分页行为	2
page-break-inside	设置元素内部的分页行为	2
widows	设置当元素内部发生分页时必须在页面顶部保留的最少行数	2

表 5-21 CSS 表格属性（Table）

属性	描述	CSS
border-collapse	规定是否合并表格边框	2
border-spacing	规定相邻单元格边框之间的距离	2
caption-side	规定表格标题的位置	2
empty-cells	规定是否显示表格中的空单元格上的边框和背景	2
table-layout	设置用于表格的布局算法	2

表 5-22 CSS 文本属性（Text）

属性	描述	CSS
color	设置文本的颜色	1
direction	规定文本的方向 / 书写方向	2
letter-spacing	设置字符间距	1
line-height	设置行高	1
text-align	规定文本的水平对齐方式	1
text-decoration	规定添加到文本的装饰效果	1
text-indent	规定文本块首行的缩进	1
text-shadow	规定添加到文本的阴影效果	2
text-transform	控制文本的大小写	1
unicode-bidi	设置文本方向	2
white-space	规定如何处理元素中的空白	1
word-spacing	设置单词间距	1
hanging-punctuation	规定标点字符是否位于线框之外	3
punctuation-trim	规定是否对标点字符进行修剪	3
text-align-last	设置如何对齐最后一行或紧挨着强制换行符之前的行	3
text-emphasis	向元素的文本应用重点标记以及重点标记的前景色	3

续表 5-22

属性	描述	CSS
text-justify	规定当 text-align 设置为 "justify" 时所使用的对齐方法	3
text-outline	规定文本的轮廓	3
text-overflow	规定当文本溢出包含元素时发生的事情	3
text-shadow	向文本添加阴影	3
text-wrap	规定文本的换行规则	3
word-break	规定非中日韩文本的换行规则	3
word-wrap	允许对长的不可分割的单词进行分割并换行到下一行	3

表 5-23 2D/3D 转换属性（Transform）

属性	描述	CSS
transform	向元素应用 2D 或 3D 转换	3
transform-origin	允许你改变被转换元素的位置	3
transform-style	规定被嵌套元素如何在 3D 空间中显示	3
perspective	规定 3D 元素的透视效果	3
perspective-origin	规定 3D 元素的底部位置	3
backface-visibility	定义元素在不面对屏幕时是否可见	3

表 5-24 过渡属性（Transition）

属性	描述	CSS
transition	简写属性，用于在一个属性中设置四个过渡属性	3
transition-property	规定应用过渡的 CSS 属性的名称	3
transition-duration	定义过渡效果花费的时间	3
transition-timing-function	规定过渡效果的时间曲线	3
transition-delay	规定过渡效果何时开始	3

表 5-25 用户界面属性（User-interface）

属性	描述	CSS
appearance	允许您将元素设置为标准用户界面元素的外观	3
box-sizing	允许您以确切的方式定义适应某个区域的具体内容	3
icon	为创作者提供使用图标化等价物来设置元素样式的能力	3
nav-down	规定在使用 arrow-down 导航键时向何处导航	3
nav-index	设置元素的 tab 键控制次序	3
nav-left	规定在使用 arrow-left 导航键时向何处导航	3

续表 5-25

属性	描述	CSS
nav-right	规定在使用 arrow-right 导航键时向何处导航	3
nav-up	规定在使用 arrow-up 导航键时向何处导航	3
outline-offset	对轮廓进行偏移，并在超出边框边缘的位置绘制轮廓	3
resize	规定是否可由用户对元素的尺寸进行调整	3

网页设计实践

第六章

CHAPTER 6

在前面的章节中，讲解了网页设计的视觉基本原理、所用视觉元素及特点、网页界面构成及布局，学习了HTML基础以及CSS基础。前面的内容基本上都是网页设计的基本原理，是理论基础。本章从实践的层面对前面所学的内容进行系统的复习与应用。

6.1 网页设计流程

网页设计一般可以遵循以下设计流程：数据收集与客户调研分析、设计预期网页界面效果图、建立站点、布局设计、构建HTML结构文档、设计CSS样式、测试网页。

6.1.1 数据收集与客户调研分析

网页是企业形象设计与传达的重要组成部分，好看、引人眼球不是网页设计的唯一标准。事实上，实用性才是网页设计的核心。网页设计需要充足的前期调研，并在此基础上，确定网页界面的构成要素、表现风格，并做出网页界面的预期效果图，以此为依据与客户进行交流、分析，确定网页界面的最终构成要素以及设计风格。

6.1.2 网页界面效果设计

要设计一个赏心悦目的网页界面，必须在设计之前做到心中有数：对页面中出现的各种视觉元素的位置、大小、色彩等属性做系统的安排与布置。最好做一个实际效果图（可以在Photoshop等图形处理软件中实现）。

在预期效果图的基础上，使用grid（栅格）对各种视觉元素的大小以及位置进行定位、切片并保存，一般至少需要预期效果图、界面分析图以及grid参考图（在后续案例中，我们详细解释）。

6.1.3 建立站点

在网页设计中我们需要建立站点。站点是以后系统管理与网页维护的基础。使用Adobe Dreamweaver软件进行建立站点，其步骤如下：

第一步，在打开的Dreamweaver软件中，找到“站点”“新建站点”，如图6-1、图6-2所示。

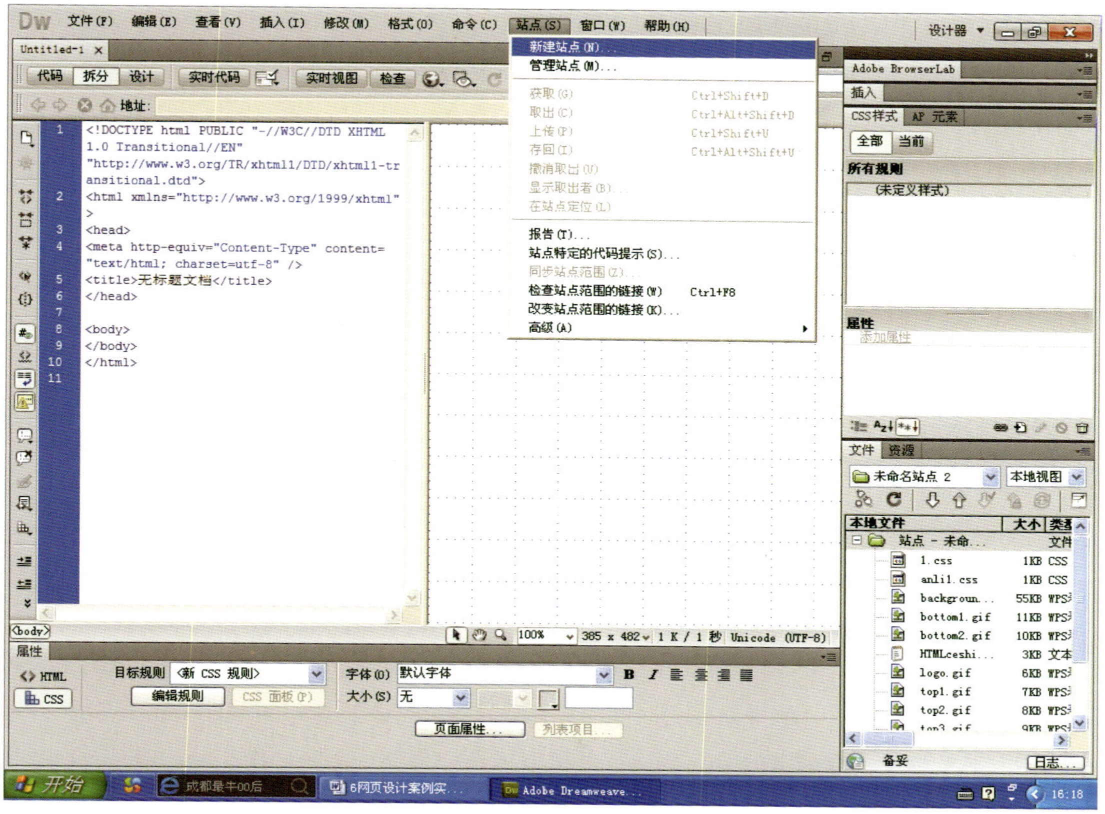

◆ 图6–1　新建站点菜单

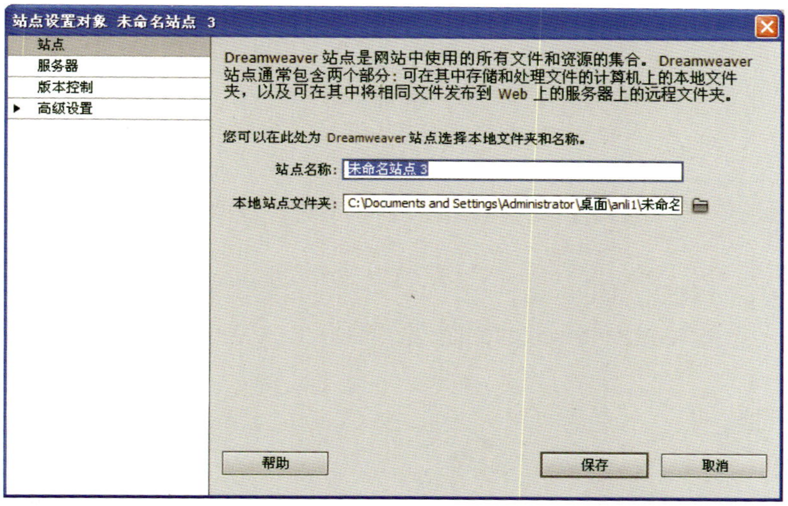

◆ 图6–2　确定站点名称以及位置

第二步，在图6–2所示浮动窗口中，设置站点名称以及站点的保存位置，然后点击确定，则可完成站点的创建。

6.1.4 布局设计

此处所说的布局设计不是构建网页界面的CSS样式，而是规划网页界面可以分解为几个

<Div>来实现，怎样分解才能使得后期的工作量减小，这是CSS样式设计的基础，在后续案例中，我们详细进行论述。

6.1.5 构建HTML结构

这一步是网页设计的关键与核心之一，其主要功能是建立网页中的数据流，如文字、图片、超链接等。网页不同则其数据流不同，后续案例我们将详细论述。

6.1.6 设计CSS

HTML结构文档构建网页的基本数据，而CSS则控制网页的最终显示效果。布局样式不同，则网页CSS设置不同，后续案例我们将详细论述。

6.1.7 测试并修改

在完成上述阶段后，就可以在不同的浏览器以及显示界面中测试其显示效果并修改。网站由各个网页构成，当测试的某一个网页效果满足设计预想后，就可以借助“FTP”工具将站点发布到空间服务器中。

6.2 案例实践1

本案例拟设计一个“极简主义”风格的网页，其网页界面效果如图6-3所示。

◆ 图6-3　网页界面预期效果

6.2.1 前期准备

网页设计与其他任何的设计类型一样，都是客户决定你的设计。在进入具体设计之前，需要对客户的各种需求进行详细的调研，以此为依据确定设计风格与视觉元素。“极简主义”强调“少就是多”的设计理念。即以最少的设计元素表现出设计意图，强调视觉上的简洁性。

6.2.2 设计分析

图6–3所示界面中，由标题文字、段落文字、背景图像、导航这几个元素构成。在CSS布局时，文字可以通过字号实现其大小的设置并分别建立标签，图像可以预先在Photoshop软件中设计好其大小（1024px*768px）并插入作为背景，表单使用Form标签，导航使用无序列表与链接及伪类标签去实现。建立一个包含上述元素的大<Div>，统一调整其对齐效果。

界面视觉效果中的“少”，是通过文字的大小对比以及背景之间的关联性，营造视觉空间的层次感，将本来就不多的视觉元素分散于不同的视觉心理空间中，进一步实现了界面视觉效果的“少”。这一特征吻合网站标题强调的“极限”“简洁”这一特征。

6.2.3 栅格布局及参考图

在Photoshop软件中，建立（1024px*768px）大小的文件，如图6–4所示。在“编辑”“预设”“参考线、网格和切片”窗口中，设置网格间距为80px，子网格为4，如图6–5所示。Grid设置显示如图6–6所示。

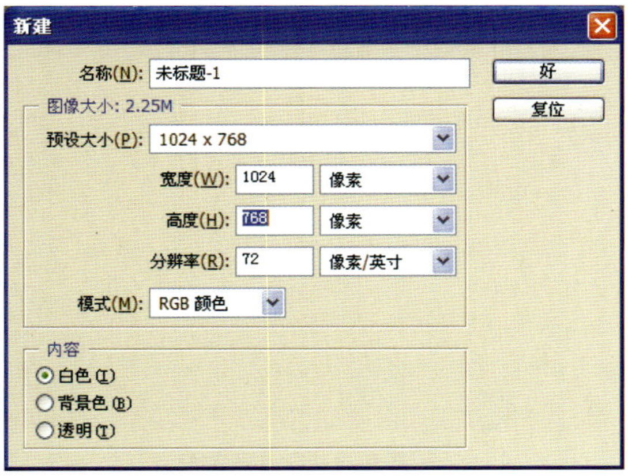

◆ 图6–4 新建文件大小

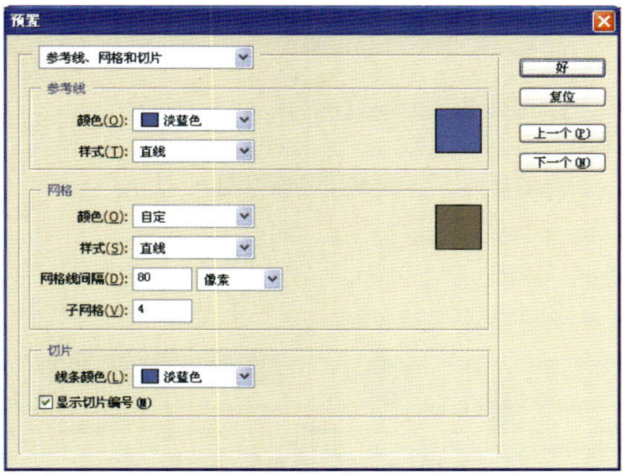

◆ 图6–5 设置“Grid”栅格大小

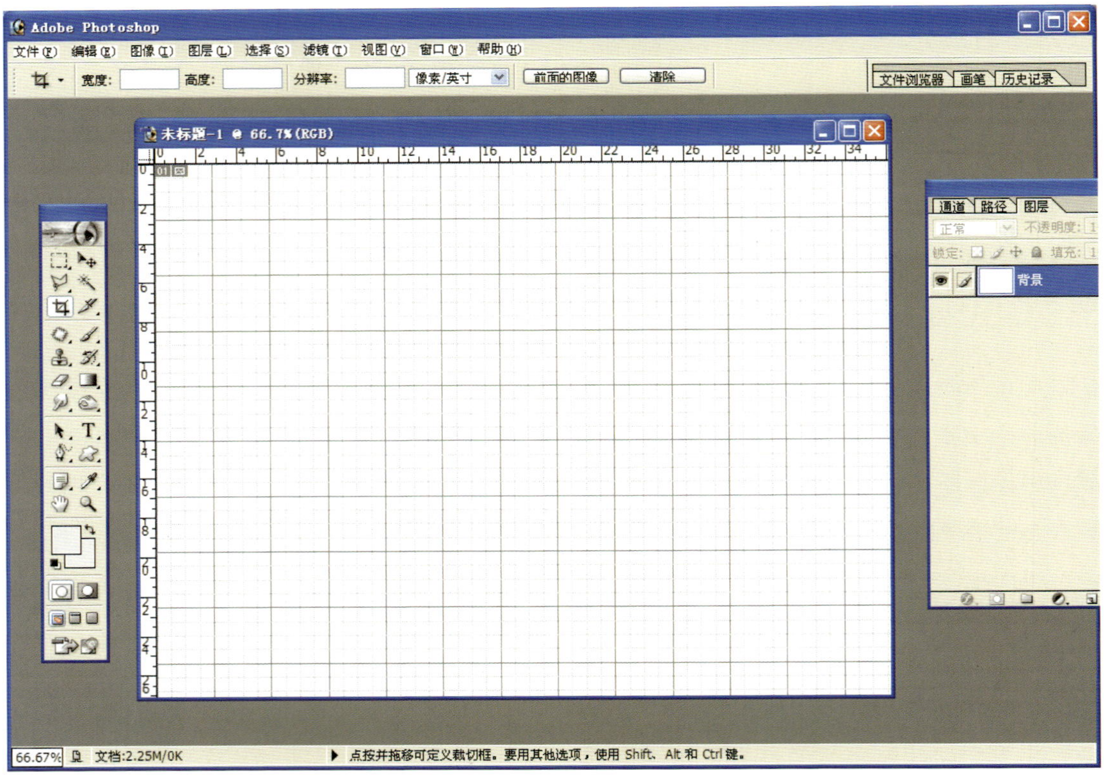

◆ 图6–6 栅格设定

使用色块替代具体的视觉元素，在栅格图中，反复调整各元素所在的位置，如图6–7所示。以色块为参考将具体的各种视觉元素放置于栅格图中，并反复调整文字的大小、位置、色彩等要素，形成如图6–8所示的栅格参考图。图6–8是网页设计的预期效果图以及设计参考图。

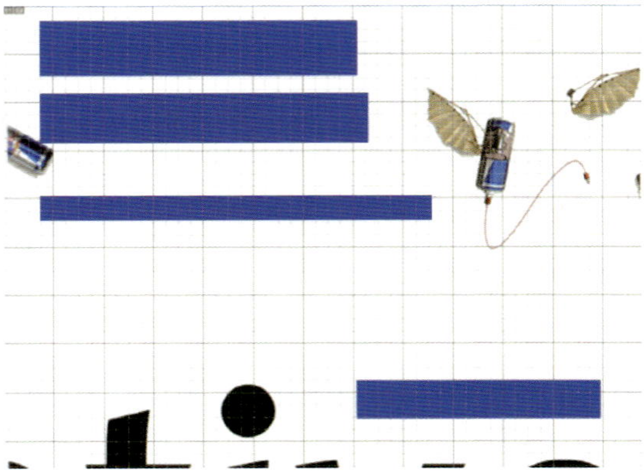

◆ 图6–7 界面布局分析图

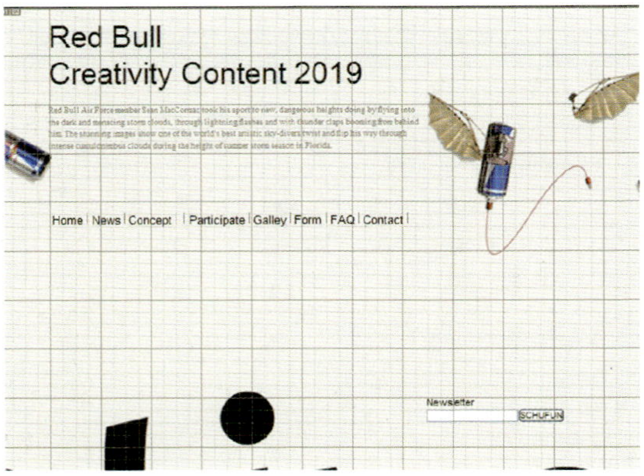

◆ 图6–8 Grid参考图

6.2.4 网页制作

阶段一 设计<Div>并命名

依据前面的分析我们设置一个名称为“warp”的<Div>，其包含”header”“header2”“nav”以及“searcher”这几个<Div>。

说明 “warp” <Div> 用于调整整个网页界面的大小、边界以及在浏览器中的实现方式。“header” <Div> 用于调整标题文字的格式。“header2” <Div> 用于调整段落文字的格式。“nav” 用于构建无序列表以及链接等格式。“searcher” <Div> 用于Form标签的管理与格式。

阶段二 构建HTML结构文档

依据视觉元素的具体内容以及<Div>设计构建如下的数据：

```
<head>
<title> Red Bull </title>
<link  rel="stylesheet" type="text/css" href="1.css" >
</head>
  <body>
    <div class="warp">
      <div class="header">Red Bull <br/>
      Creativity Content 2019
      </div>
<div class="header2">Red Bull Air Force member Sean Mac Cormac took his sport to new, dangerous heights doing by flying into the dark and menacing storm clouds, through lightning flashes and with thunder claps booming from behind him.
The stunning images show one of the world’ s best artistic sky-divers twist and flip his way through intense cumulonimbus clouds during the height of summer storm season in Florida.</div>
    <div class="nav">
     <ul>
      <li><a href="#">Home</a></li>
      <li><a href="#">News</a></li>
      <li><a href="#">Concept</li>
      <li><a href="#">Participate</a></li>
      <li><a href="#">Galley</a></li>
      <li><a href="#">Form</a></li>
      <li><a href="#">FAQ</a></li>
      <li><a href="#">Contact</a></li>
     <ul>
    </div>
   <div class="searcher">Newsletter<br/>
    <input  type="text"/><input type="button" value="SCHUFUN"/>
   </div>
   </div>
</body>
```

说明

①数据<div class="header">Red Bull
 Creativity Content 2019中
标签起到另起一行的作用。

②“nav”标签中套嵌了无序列表：<ul>标签。

③<a href="#">Home</a>为链接，其中<a href="#">起到链接的功用，“#”为空链接。

④“searcher”使用了Form标签，其格式为：<input type="text"/><input type="button" value="　　"/>。

⑤HTML结构文档可以使用Dreamweaver软件，也可以使用记事本。如果使用记事本，则将其必须存储为：“.xhtml”或“.html”格式。

阶段三　设计CSS样式

步骤1：新建CSS文件并存储为1.CSS。

步骤2：设置所有的块元素填充。

关键数据为：*{margin:0px ;padding:0px;}

说明：margin:0px ;padding:0px;分别设置了所有块元素的内外填充为：0px。

步骤3：设置字体样式。

关键数据为：*{font-family:"Arial"}

说明 使用通配符选择器*{}将本案例中的所有字体设置为“Arial”。*{}选择器的格式为：*{属性："属性值"}。

步骤4：设置整个网页界面的尺寸。

关键数据为：.warp{

width:1024px;

height:768px;

background-image:url(images/background.jpg);

margin:0 auto;

padding-left:2cm;

padding-top:15px;

background-repeat: no-repeat;}

说明

①{}为类选择器。其格式为“.选择器名称{属性：属性值，属性：属性值，……}”，其中必须使用“.”来定义类选择器。

②warp<Div>中设置了网页界面的尺寸为：1024px*768px，设置了背景图像以及重复：“background-repeat: no-repeat;”，设置了左侧以及顶部的内填充大小为2cm、15px。

③设置了网页界面在浏览器中的现实方式：上下边距为0px、左右为自动适应。其实核心数据为：“margin:0 auto;”。

步骤5：设置标题文字的样式。

其核心数据为：.header{height:140px;font-size:50px;line-height:60px}

说明

①“height:140px”设置了名称为“header”的块元素高度为140px。

②font-size:50px设置名称为“header”的块元素中字体大小为50px。

③line-height:60px设置了名称为“header”的块元素中字体行间距为60px。

步骤6：设置段落文字的样式。

其核心数据为：.header2{height:180px;width:600px;font-size:14px;font-family:Times New Roman;line-height:1.4em;color:grey;}。

说明

①将段落文字命名为head，并定义为类。

②设置该段落文字的宽度与高度分别为：600px和180px，使用数据“height:180px;width:600px”。

③设置文字的颜色为：灰色。使用数据：“color:grey”。字体类别为：“Times New Roman”。

④网页设计中大小、距离的单位可以是：像素（px）、可以是毫米（mm）、厘米（cm）点(磅)等常用的单位，也可以使用“em”。“em”并不是一个固定的单位，而是相比较的单位，在不同的环境中其大小会发生变化。如在此处其1em等于12px。

步骤7：设置导航样式。

其核心数据为：

```
.nav{height:300px;}
.nav ul li{float:left;list-style:none;width:auto;
border-right:2px solid grey;
padding-left:6px;padding-right:6px;
height:18px;font-size:20px;
}
```

说明

①设置导航的高度为300px。

②导航使用了无序列表，列表之间用左侧浮动，列表样式为“无”，宽度自适应，块元素框的左侧边框为“2像素、实底、灰色”。

③块元素框的左侧、右侧填充为6px。此设置是为了调整导航文字与块元素框的左侧边框之间的距离。

④设置列表的高度数据为：“height:18px”，文字大小为20px。

步骤8：设置表单。

其核心数据为：.searcher{height:60px;margin-left:600px;font-size:16px}

说明

①定义表单为：“.searcher”。

②设置其高度为60px，位置大小为16px。

③设置左侧填充为600px，此设置为调整表单的空间位置。

④在此案例中，视觉元素的空间位置是通过块元素框的填充以及高度、宽度进行调整的。

步骤9：设置链接样式。

其核心数据为：a{text-decoration:none;}

a:link{color:black;}

a:visited{color:grey;}

a:hover{color:red;}

a:active{color:#999;}

说明

①设置链接文字的样式为“无”。

②分别设置链接文字在未访问、访问后、鼠标悬浮时以及鼠标点击时的字体颜色。

③链接文字的设置必须按照：a:link{}、a:visited{}、a:hover{}、a:active{}的次序。

步骤10：设置CSS文件的链接

核心数据为：<link rel="stylesheet" type="text/css" href="1.css" >

说明 此数据必须放置与HTML结构文档的头部<head></head>之间。

阶段三 完整CSS数据如下

```
*{margin:0px ;
 padding:0px;
 }
*{font-family:"Arial"
 }
.warp{
      width:1024px;
      height:768px;
      background-image:url(images/background.jpg);
      margin:0 auto;
      padding-left:2cm;
      padding-top:15px;
      background-repeat: no-repeat;
 }
.header
```

```
    {
    height:140px;
    font-size:50px;
    line-height:60px
    }
.header2
    {
    height:180px;
    width:600px;
    font-size:14px;
    font-family:Times New Roman;
    line-height:1.4em;
    color:grey;
    }
.nav
    {
    height:300px;
    }
.nav ul li
    {
    float:left;
    list-style:none;
    width:auto;
    border-right:2px solid grey;
    padding-left:6px;
    padding-right:6px;
    height:18px;
    font-size:20px;
    }
.sercher
    {
    height:60px;
    margin-left:600px;
    font-size:16px
    }
```

```
a{text-decoration:none;}
a:link{color:black;}
a:visited{color:grey;}
a:hover{color:red;}
a:active{color:#999;}
```

6.2.5 网页测试

本案例使用IE浏览器、Google Chrome浏览器以及360浏览器进行测试其效果。

使用IE浏览器打开界面，如图6-9所示。

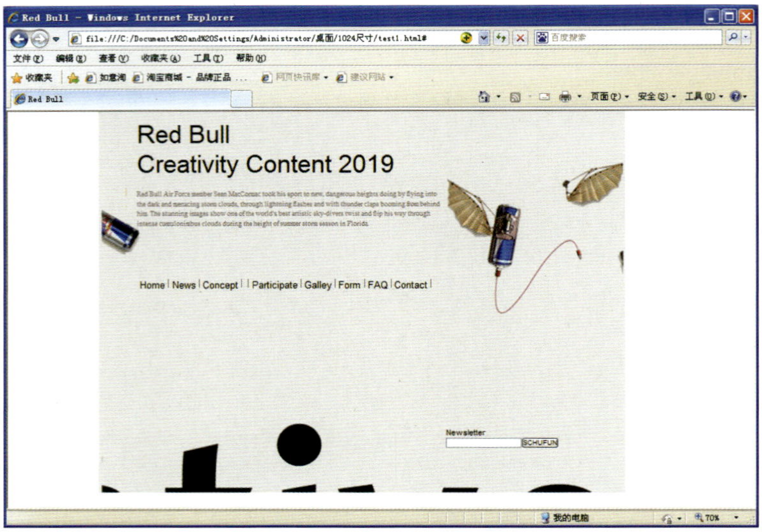

◆ 图6–9　IE浏览器测试界面效果

使用360浏览器打开界面，如图6-10所示。

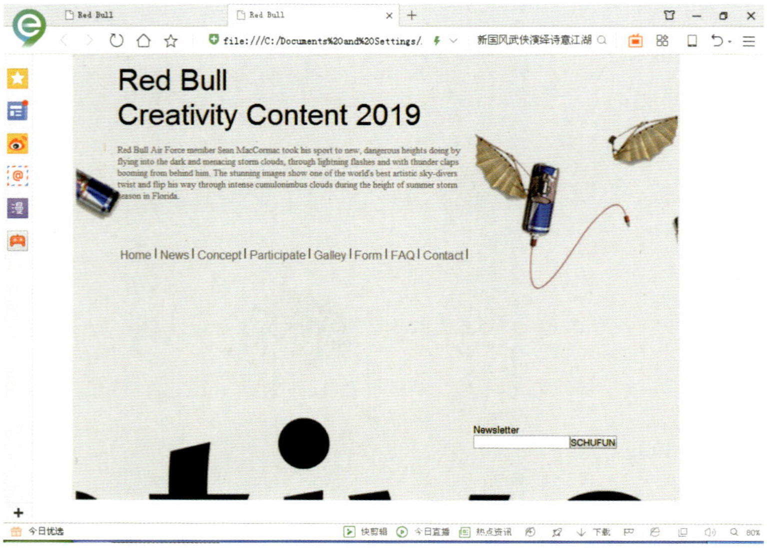

◆ 图6–10　使用360浏览器打开界面视觉效果

使用Google Chrome浏览器打开界面视觉效果，如图6-11所示。

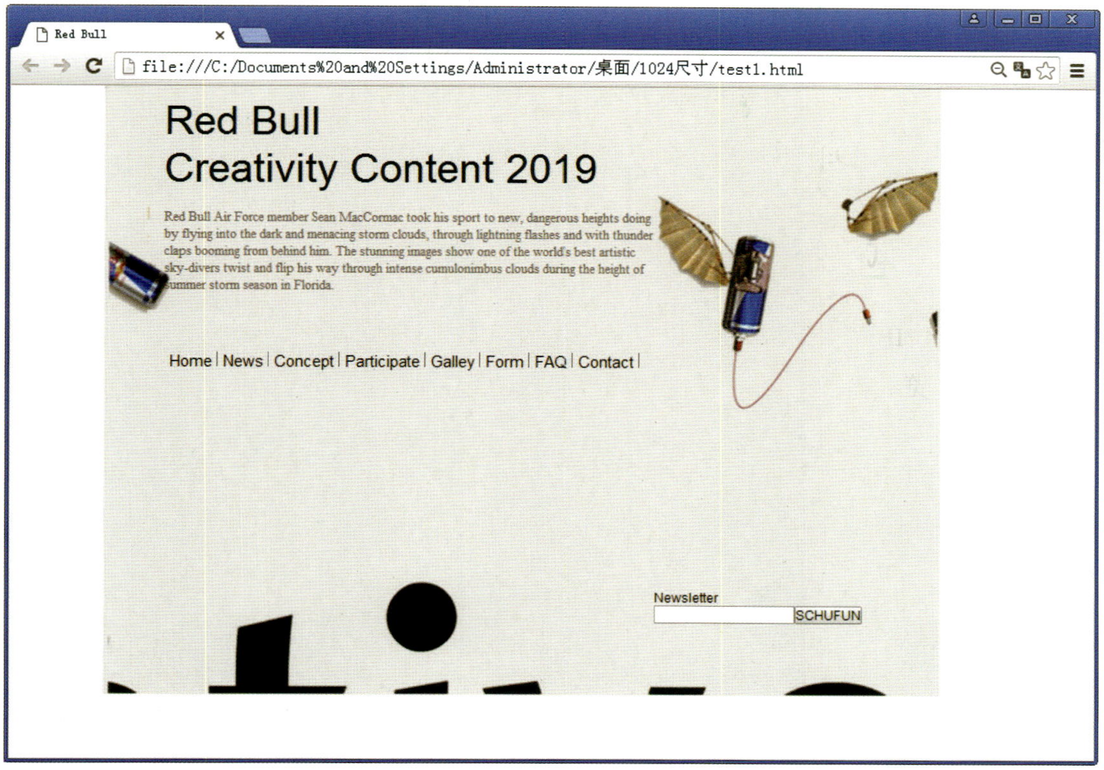

◆ 图6-11　使用Google Chrome浏览器打开界面视觉效果

在三个不同的浏览器中，经过测试发现：其导航链接设置以及表单设置的预期效果尽可以实现。

说明 在网页测试时，经常会出现以下两种情况。

问题1：你设计的网页处于显示器的最左侧，即左侧没有空白，而右侧大量空白，网页没有居于显示器的中间，如图6-12所示。

问题2：你设计的使用字体在不同的浏览器中不一致。如图6-13至图6-15所示中不同的浏览器中字体的样式不一致。

原因及解决方法：

①出现针对问题1的原因在于：如果不设置网页的自适应，浏览器会将其默认从最左侧显示。解决办法：在.warp{　　　}中输入："margin: 0 auto;"。使用"margin" 设置边距，其中"0"表示在浏览器中网页上下边距为0px；"auto" 设置网页左右边距（自动位于显示器的中央）。

②出现针对问题2的原因在于：不同的浏览器默认的字体类型一致。解决办法：为每一组指定字体类型。语法为：font-family:" "。相同大小的字体，文字类型的不同，其默认的字符间距、字间距、行间距都不一致，所以视觉效果相差很大。好的习惯是：指定字体类型。

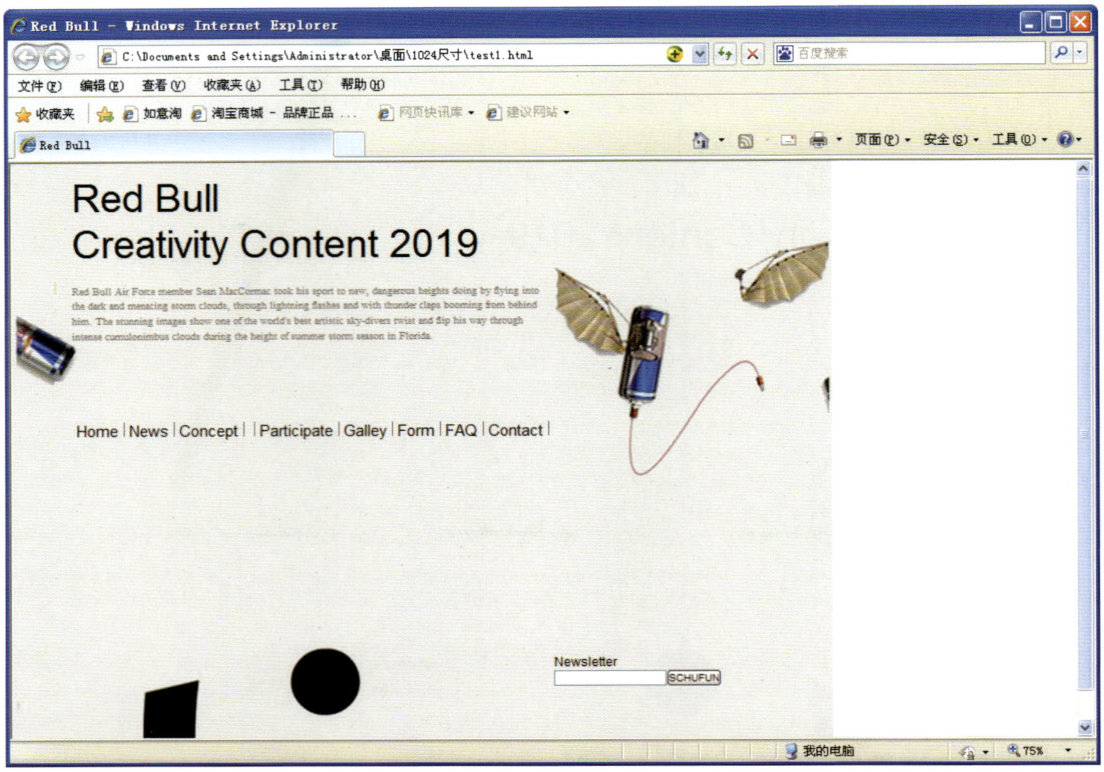

◆ 图6-12　网页处于显示器的最左侧

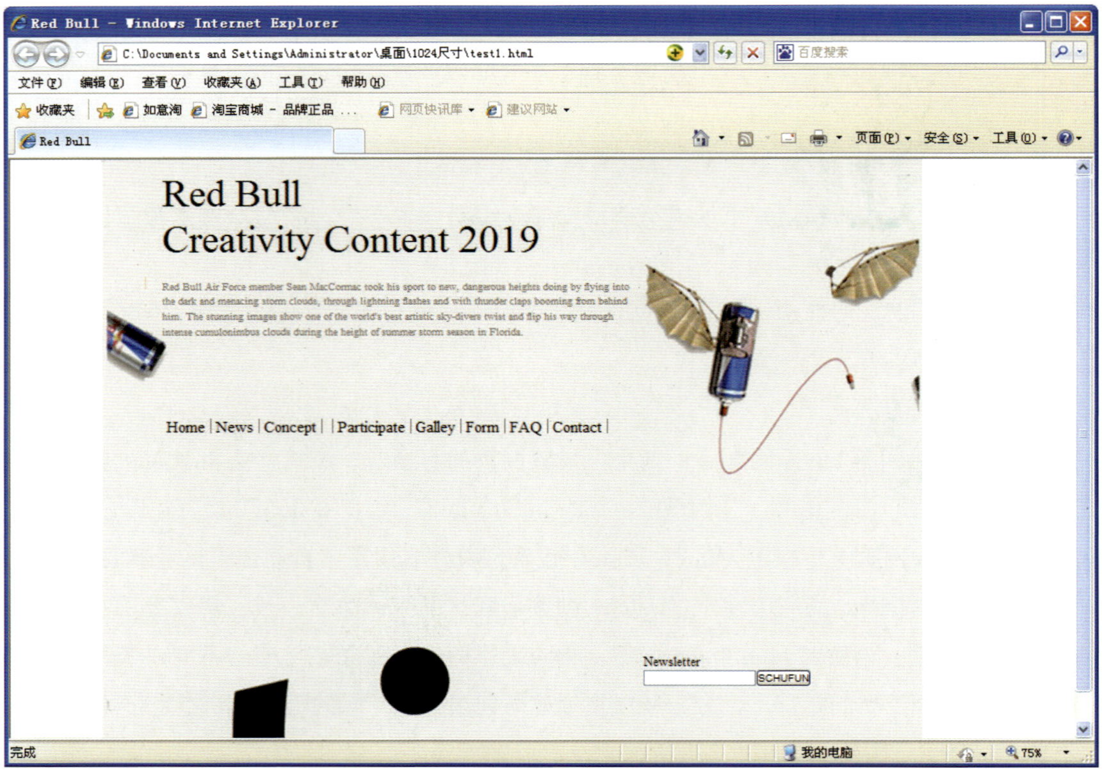

◆ 图6-13　IE浏览器中字体显示

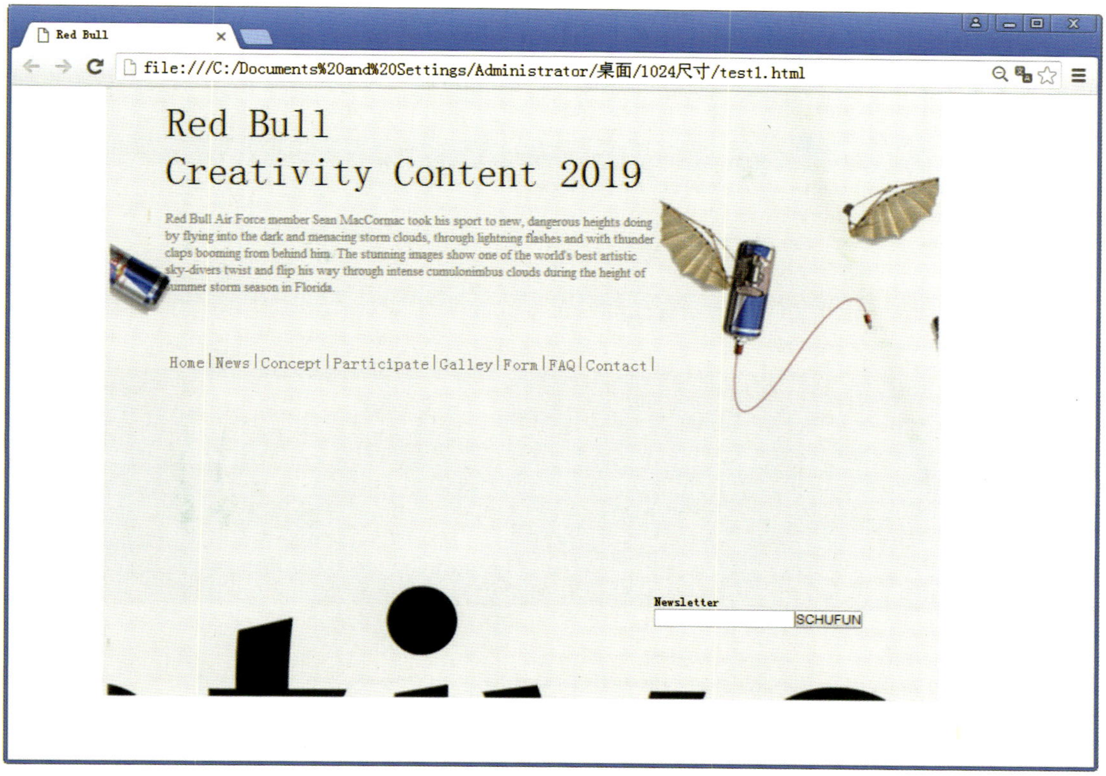

◆ 图6–14　Google Chorme 浏览器中字体显示

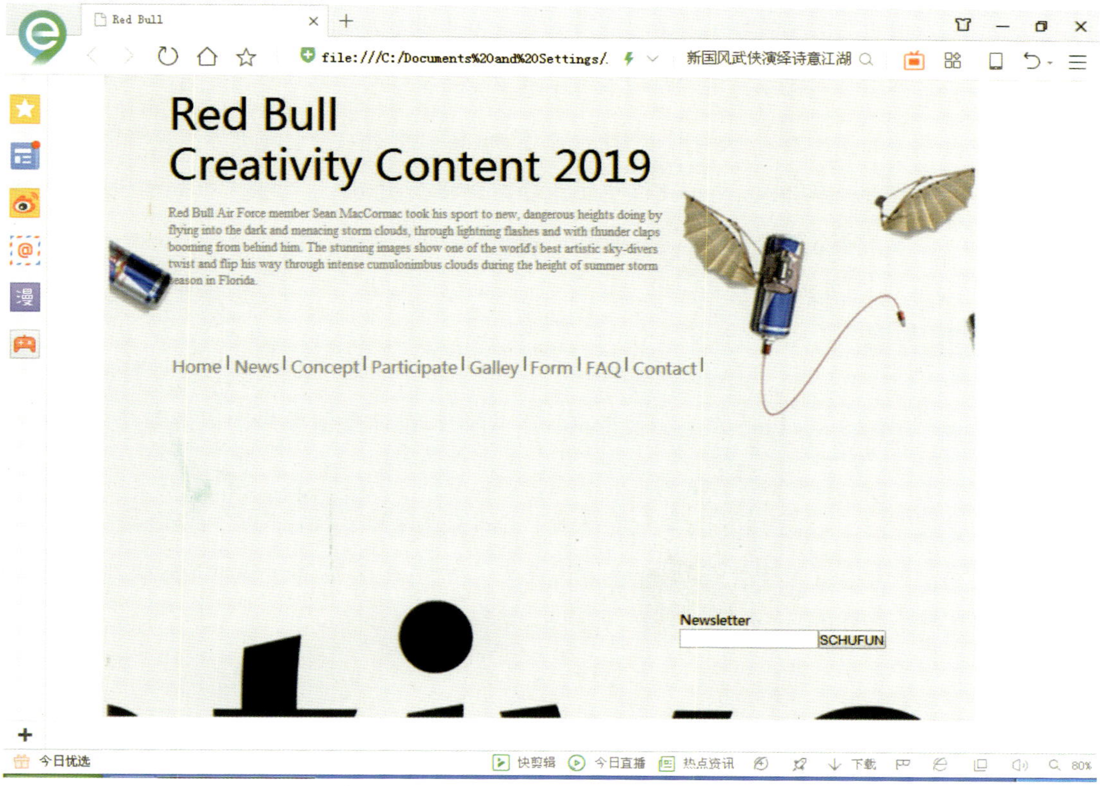

◆ 图6–15　360 浏览器中字体的显示

6.3 案例实践2

◆ 图6–16　案例2

案例2拟设计如图6–16所示的网页界面。与案例1不同之处在于，网页界面视觉元素更多、更复杂；背景图形使用重复，网页文件更小；此案例将使用切片，案例1直接使用了一个大的背景；案例1高度设定为：768px，而案例2采用“自动”延展。

6.3.1 前期准备

案例2前期准备可以包括收集需要的文字、图像、设计预期效果图以及效果图切片等阶段。

阶段1 收集需要的文字以及图像。本案例中的所有文字以及图像均为网络获得。

阶段2 设计预期效果图。在Photoshop软件中，新建大小为1024px*800px大小的画布，设置grid网格大小为80px，子网格为4，如图6–17所示。

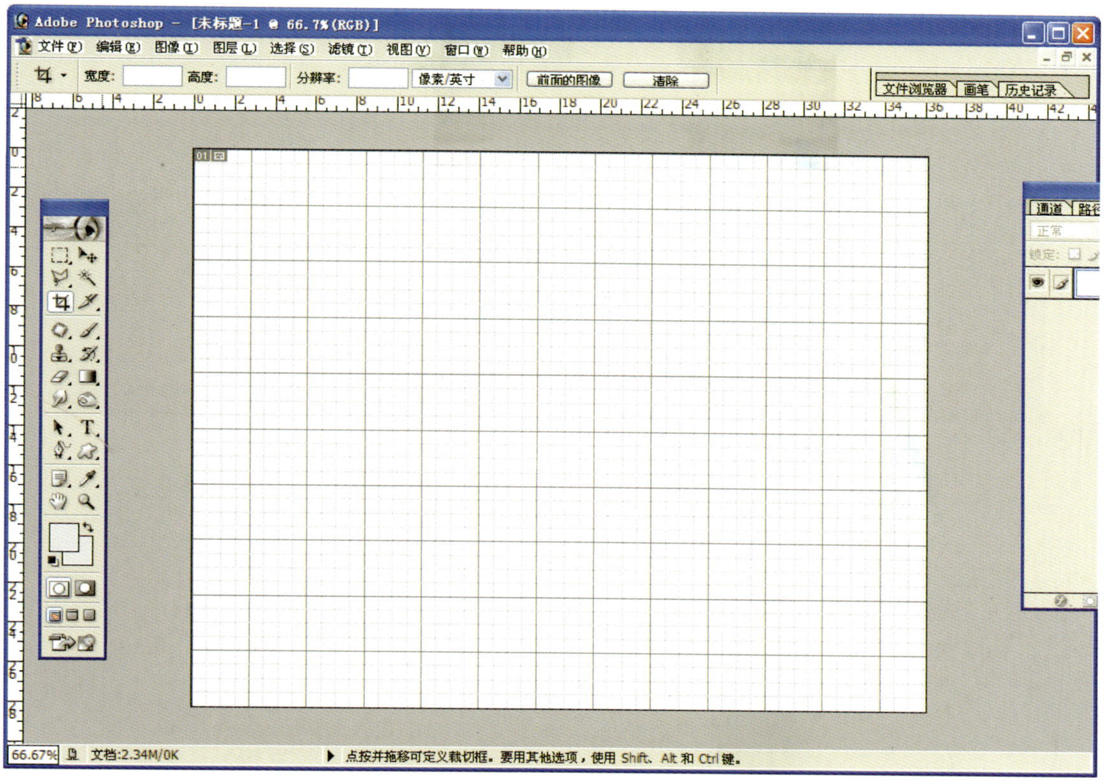

◆ 图6-17　设置文件大小以及栅格大小

在图6-17所示grid的基础上，使用大块面的色块进行版式布局，如图6-18。

◆ 图6-18　版面布局图

在版式布局图的基础上，使用具体的视觉元素（文字、图片等）进行版式设计，通过反复调整文字的大小、行间距、图形的色彩位置等视觉要素，形成图6-19所示的设计预期效果图。

◆ 图6-19　设计预期效果图

在图6-19的基础上形成grid参考图，如图6-20所示。

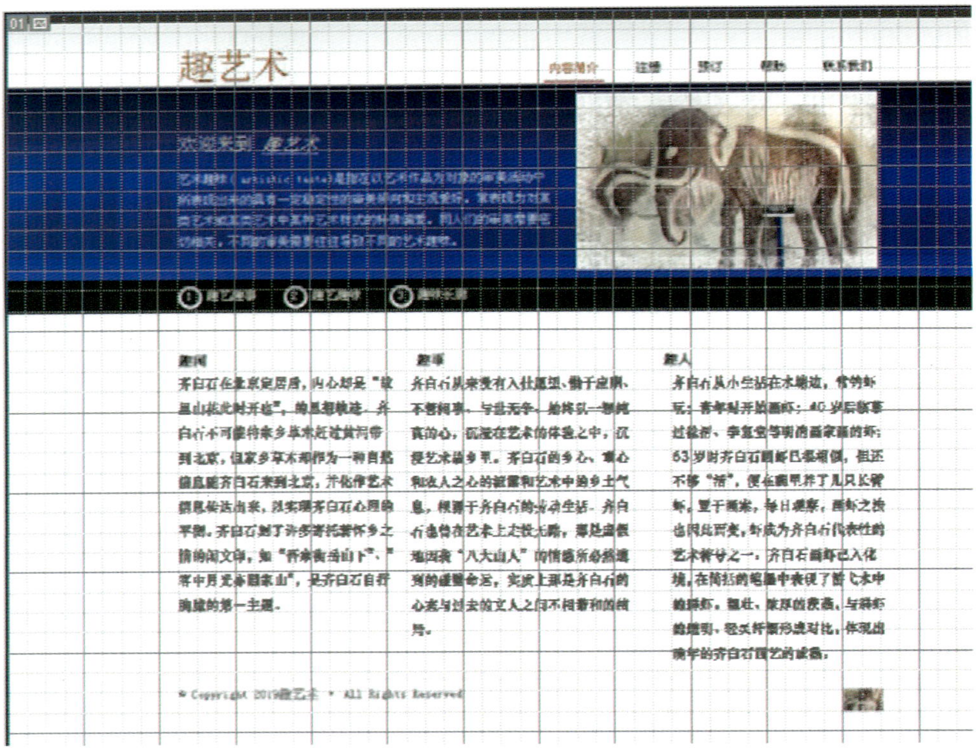

◆ 图6-20　grid参考图

使用工具栏中的切片工具，将背景图进行切片，如图6-21、图6-22所示。

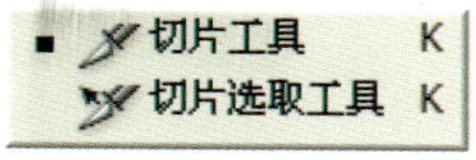

◆ 图6-21 切片工具

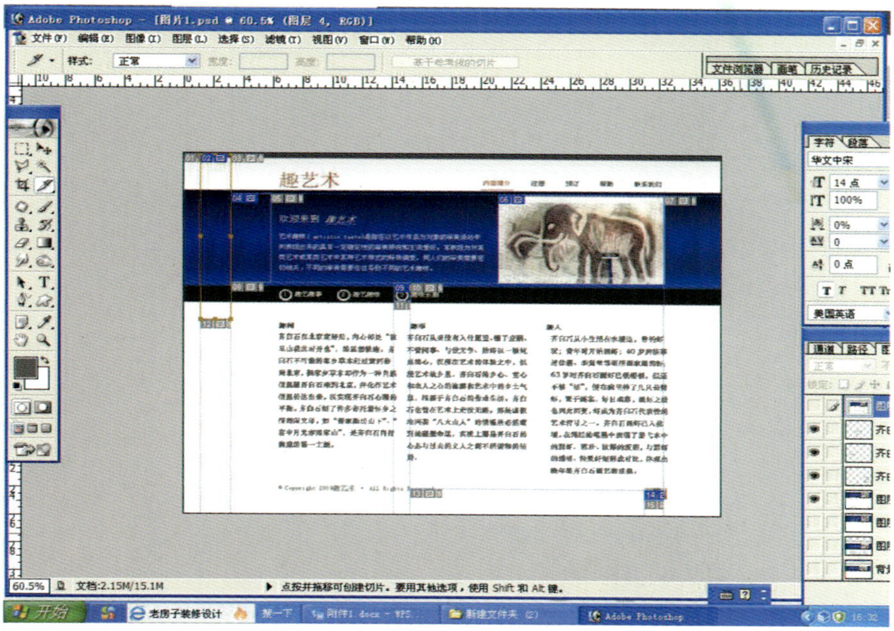

◆ 图6-22 使用切片工具切片后效果

保存切片，则完成案例2的前期准备。

6.3.2 设计分析

案例2可以分为三个大的区域：网页头部、内容区以及页脚。

头部可以由主导航、“趣艺术”及其链接、图形与左侧的介绍文字构成，可以将它们分别定义为<div>。

头部head<div>中可以定义如下<div>:<a>趣艺术</a>，导航“menu”<div>;“teaser”<div>中嵌套“image”<div>与“box”<div>，其分别控制图像与左侧的介绍文案。

内容区可以分为三栏，每一栏分别设置“col”<div>，其套嵌<span>标签与<p>标签。

页脚设置<p>标签与链接<a>标签。

6.3.3 设计实现

设计实现可以分为两个大的阶段：构建HTML结构文档以及设计CSS样式。

阶段一：构建HTML结构文档

依据设计分析以及前期收集的资料，构建如下HTML结构文档，可以使用记事本、也可以使用Dreamweaver软件实现。

步骤1 构建文档头部数据<head>.

其关键数据如下：

```
<head>
  <meta http-equiv="content-type" content="text/html; charset=utf-8" />
  <title>艺术长廊</title>
    <link href="css/main.css" rel="stylesheet" type="text/css" />
</head>
```


说明

①<title> </title>标签用于定义网页名称。

②<link href="css/main.css" rel="stylesheet" type="text/css" />定义文档的CSS来源。

步骤2 构建网页头部文字及导航。

其关键数据如下：

```
<div id="header">
    <h1><a href="#">趣艺术</a></h1>
    <ul id="menu">
        <li class="active"><a href="#">内容简介</a></li>
        <li><a href="#">注册</a></li>
        <li><a href="#">预订</a></li>
        <li><a href="#">帮助</a></li>
        <li><a href="#">联系我们</a></li>
    </ul>
    </div>
```

说明

① “趣艺术” 定义为空链接，语法：<a href="#"></a>。同时也定义为一级标题<h1>

②主导航使用无序列表并将列表项定义为空链接。<ul></ul>标签定义无序列表。

步骤3 构建文案以及图像数据。

其关键数据如下：

```
<div id="teaser">
    <div class="wrap">
        <div id="image"></div>
        <div class="box">
            <h2>欢迎来到<em>趣艺术</em></h2>
            <p>艺术趣味……。</p>
</div>
```

说明

①使用 “teaser” <div>嵌套文案<div>以及图像数据<div>。

②对 “趣艺术” 设置斜体，使用<em>标签。

步骤4 构建“bar”及链接。

其关键数据如下：

```
<div id="bar">
    <div class="wrap">
        <span class="step"><a>1</a> 趣艺趣事 </span>
        <span class="step"><a>2</a> 趣艺趣味 </span>
        <span class="step"><a>3</a> 趣味长廊 </span>
    </div>
</div>
```

步骤5 构建内容区数据，三栏分别输入。

其关键数据如下：

```
<div class="wrap">
    <div class="col">
        <h3> 趣闻 </h3>
        <p> 庄尚……。</p>
    </div>
```

说明 三栏使用关键数据语法结构相同。

步骤6 构建页脚数据。

其关键数据如下：

```
<div id="footer">
    <p>&copy; Copyright 2019<a href="#"> 趣艺术 </a> &middot; All Rights Reserved</p>
  </div>
```

完整的HTML结构如下：

```
<!DOCTYPE html PUBLIC "-//W3C//DTD XHTML 1.0 Strict//EN" "http://www.w3.org/TR/
xhtml1/DTD/xhtml1-strict.dtd">
<html xmlns="http://www.w3.org/1999/xhtml">
<head>
    <meta http-equiv="content-type" content="text/html; charset=utf-8" />
    <title> 艺术长廊 </title>
        <link href="css/main.css" rel="stylesheet" type="text/css" />
</head>
<body>
    <div id="header">
        <h1><a href="#"> 趣艺术 </a></h1>
        <ul id="menu">
```

```
                    <li class="active"><a href="#">内容简介</a></li>
                    <li><a href="#">注册</a></li>
                    <li><a href="#">预订</a></li>
                    <li><a href="#">帮助</a></li>
                    <li><a href="#">联系我们</a></li>
                </ul>
            </div>
            <div id="teaser">
                <div class="wrap">
                    <div id="image"></div>
                    <div class="box">
                        <h2>欢迎来到<em>趣艺术</em></h2>
                        <p>艺术趣味(artistic taste)是指在以艺术作品为对象的审美活动中所表现出来的具有一定稳定性的审美倾向和主观爱好。常表现为对某类艺术或某类艺术中某种艺术样式的特殊偏爱。同人们的审美需要密切相关，不同的审美需要往往导致不同的艺术趣味。
    </p>
                    </div>
                </div>
            </div>
            <div id="bar">
                <div class="wrap">
                    <span class="step"><a>1</a>趣艺趣事</span>
                    <span class="step"><a>2</a>趣艺趣味</span>
                    <span class="step"><a>3</a>趣味长廊</span>
                </div>
            </div>
            <div class="wrap">
                <div class="col">
                    <h3>趣闻</h3>
                    <p>齐白石在北京定居后，内心却是“故里山花此时开也”的思想轨迹。齐白石不可能将家乡草木赶过黄河带到北京，但家乡草木却作为一种自然信息随齐白石来到北京，并化作艺术信息传达出来，以实现齐白石心理的平衡。齐白石刻了许多寄托着怀乡之情的闲文印，如“吾家衡岳山下”“客中月光亦照家山”，是齐白石自抒胸臆的第一主题。
</p>
```

```
        </div>
        <div class="col">
                <h3>趣事</h3>
                <p>齐白石从来没有入仕愿望、懒于应酬、不管闲事、与世无争、始终以一颗纯真的心，沉浸在艺术的体验之中，沉浸艺术故乡里。齐白石的乡心、童心和农人之心的流露和艺术中的乡土气息，根源于齐白石的劳动生活。齐白石也曾在艺术上走投无路，那是虚假地因袭“八大山人”的情感所必然遭到的碰壁命运，实质上那是齐白石的心态与过去的文人之间不相谐和的结局。
    </p>
        </div>
        <div class="col last">
                <h3>趣人</h3>
                <p>齐白石从小生活在水塘边，常钓虾玩；青年时开始画虾；40岁后临摹过徐渭、李复堂等明清画家画的虾；63岁时齐白石画虾已很相似，但还不够“活”，便在碗里养了几只长臂虾，置于画案，每日观察，画虾之法也因此而变，虾成为齐白石代表性的艺术符号之一。齐白石画虾已入化境，在简括的笔墨中表现了游弋水中的群虾。粗壮、浓厚的茨菇，与群虾的透明、轻灵纤细形成对比，体现出晚年的齐白石画艺的成熟。</p>
    </div>
    </div>
                <div id="footer">
    <p>&copy; Copyright 2019<a href="#">趣艺术</a> &middot; All Rights Reserved</p>
    </div>
</body>
</html>
```

阶段2　CSS样式设计

步骤1：新建CSS文件并存储为main.CSS。

步骤2：设置所有的块元素填充样式。

关键数据为：*{margin:0px; padding:0px;}

说明 margin:0px ;padding:0px; 分别设置了所有块元素的内外填充为：0px。

步骤3：设置网页主体样式。

其关键数据如下：

```
margin: 80px 0 0;
    background: #fff url(../images/bg.gif)  repeat-x; color: #333;
    font-family: "黑体";
    font-size: 0.74em;
```

说明

①使用“background”设置背景图像，“repeat-x”使其在水平方向重复。

②设置字体类型为：“黑体”，语法为：font-family: "黑体"。字号：0.74em。

③使用：“margin:”设置背景填充方式：顶部80px。

步骤4：设置一级标题、二级标题、一级标题的链接、段落文字、链接文字的样式。

关键数据如下：

```
h1 { font-size: 4em; font-weight: normal; float: left; }
    h1 a { text-decoration: none; }
    h2 { font-size: 2em; color: #FFF2B3; font-weight: normal; margin: 0 0 .8em; }
    h3 { font-size: 1.5em; border-bottom: 1px solid #eee; margin: 0 0 .8em; }
    p  { margin: 0 0 2em 0; line-height: 1.8em; }
    em { border-bottom: 1px dotted #fff; cursor: pointer; }
    a { color: #9D2900; }
    a:hover { color: #A0000E; text-decoration: none; }
    img { border: 0; }
```

说明

①设置最左上角的“趣艺术”几个字为一级标题，左侧浮动，文字为4倍大小，链接文字样式为：“无”。

②设置“欢迎来到趣艺术”这行字为二级标题，2倍大小、正常显示、底部0.8倍文字大小填充。

③“趣闻”“趣事”“趣人”为三级标题，1.5倍字体大小，底部1px宽浅灰色细线，底部外填充0.8倍。

步骤5：设置网页宽度与居中显示。

关键数据如下：

```
.wrap { width: 900px; margin: 0 auto; }
```

步骤6：设置网页头部尺寸以及主导航。

关键数据如下：

```
#header { width: 900px; height: 50px; margin: 0 auto; }
    #menu  { float: right; padding: 18px 0 0 0; list-style: none; }
        #menu li { display: inline; }
            #menu a { display: block; float: left; margin-left: 34px; padding: 7px; text-decoration: none; font-size: 13px; color: #000000; }
        #menu a:hover { color: #000; border-bottom: 2px solid #ccc; }
        #menu .active a { border-bottom: 2px solid #C70012; color: #9D2900;}
```

说明

①定义网页头部为header<div>标签，设置宽度为：900培训，高度50px，居中显示。

②定义主导航为menu<div>标签，设置为右侧浮动，顶部内填充18px，列表类型为“无”。

③定义主导航链接样式。使用#menu a:hover { }，#menu .active a{ }。

④设置列表为：内联元素。使用语法：“display: inline; ”。

步骤7：设置蓝色背景图像及其上的文字与图像。

其关键数据为：

```
#teaser { clear: both; height: 259px; background: #fff url(../images/teaserbg.jpg) repeat-x; }
    .box { float: left; padding: 66px 0 0; width: 480px; color: #C7E3EE; }
    #image { float: right; width: 388px; position: relative; top: 13px; background: url(../images/logotype.jpg) no-repeat top right; height: 258px; }
```

说明

①定义蓝色背景部分为teaser<div>标签。因为其上边的文字“趣艺术”、主导航菜单，使用了“浮动”，所以需要使用“clear: both”，进行清除，使其不受浮动的影响。

②定义左侧文字为：“.box”，设置为左侧浮动，顶部内填充66px，宽度480px。

③定义“大象”图形为：image<div>标签，设置宽度、高度分别为388、258px，使用相对定位（position: relative;）。

步骤8：设置内容区文字的样式。

其关键数据为：

```
.col { float: left; width: 276px; margin: 0 30px 16px 0; }
    .last { float: right; margin: 0; }
```

说明

①案例2内容区有三栏文字，设置左侧两栏为：左浮动，宽度276px，顶部与右侧填充分别为：30px、16px。

②设置右侧一栏文字为：右浮动，填充为0px。

步骤9：设置页脚的样式。

其关键数据为：

```
#footer { clear: both; width: 900px; margin: 0 auto; padding: 5px; border-top: 1px solid #e0e0e0; background: #fff url(../images/small_logotype.jpg) no-repeat right 13px; }
    #footer .right { float: right; margin: 0 60px 0 0; }
    #footer a { color: #808080; font-weight: bold; }
```

说明

①清除浮动影响，设置页脚宽度为900px，居中显示，内填充5px，顶部1px细实线。

②设置页脚文字链接样式：“color: #808080; font-weight: bold;”。

③定义并设置最右侧小图标的样式：“float: right; margin: 0 60px 0 0;”。

阶段二，CSS样式设计全部数据如下：

```
*{ margin: 0; padding: 0; }*
body {
    margin: 80px 0 0;
    background: #fff url(../images/bg.gif) repeat-x;
    color: #333;
    font-family: "黑体";
    font-size: 0.74em;
}
    h1 { font-size: 4em; font-weight: normal; float: left; }
    h1 a { text-decoration: none; }
    h2 { font-size: 2em; color: #FFF2B3; font-weight: normal; margin: 0 0 .8em; }
    h3 { font-size: 1.5em; border-bottom: 1px solid #eee; margin: 0 0 .8em; }
    p { margin: 0 0 2em 0; line-height: 1.8em; }
    em { border-bottom: 1px dotted #fff; cursor: pointer; }
    a { color: #9D2900; }
    a:hover { color: #A0000E; text-decoration: none; }
    img { border: 0; }
.wrap { width: 900px; margin: 0 auto; }
 #header { width: 900px; height: 50px; margin: 0 auto; }
    #menu  { float: right; padding: 18px 0 0 0; list-style: none; }
            #menu li { display: inline; }
            #menu a { display: block; float: left; margin-left: 34px; padding: 7px; text-decoration: none; font-size: 13px; color: #000000; }
            #menu a:hover { color: #000; border-bottom: 2px solid #ccc; }
            #menu .active a { border-bottom: 2px solid #C70012; color: #9D2900;}
 #teaser { clear: both; height: 259px; background: #fff url(../images/teaserbg.jpg) repeat-x; }
    .box { float: left; padding: 66px 0 0; width: 480px; color: #C7E3EE; }
    #image { float: right; width: 388px; position: relative; top: 13px; background: url(../images/logotype.jpg) no-repeat top right; height: 258px; }
    #bar { height: 60px; margin: 0 0 30px; padding: 8px 0 0 0; background: url(../images/bar.gif) repeat-x; }
    .step { cursor: pointer; color: #FAFDDD; padding: 4px 0 0 11px; margin: 0 35px 0 0; font-size: 1.4em; float: left; text-align: center; background: url(../images/step.gif) no-repeat; height: 40px; }
```

```
.step a { color: #fff; margin: 0 10px 0 0; }
.col { float: left; width: 276px; margin: 0 30px 16px 0; }
.last { float: right; margin: 0; }
#footer { clear: both; width: 900px; margin: 0 auto; padding: 5px; border-top: 1px solid #e0e0e0; background: #fff url(../images/small_logotype.jpg) no-repeat right 13px; }
#footer .right { float: right; margin: 0 60px 0 0; }
#footer a { color: #808080; font-weight: bold; }
```

6.3.4 网页测试

本案例使用IE浏览器、Google Chrome浏览器以及360浏览器进行测试其效果。

使用360浏览器打开界面，如图6-23所示。

◆ 图6-23　360浏览器中的网页界面

Google Chrome浏览器中网页界面显示，如图6-24所示。

◆ 图6-24 Google Chrome浏览器中网页界面显示。

IE浏览器中网页界面显示，如图6-25所示。

◆ 图6-25 IE浏览器中网页界面显示

经过测试，案例2运行正常。

参考文献

[1] 徐琴，张晓颖. CSS+DIV网页样式与布局案例教程[M]. 北京：航空工业出版社，2018.

[2] 顾群业. 网页配色密码[M]. 北京：清华大学出版社，2015.

[3] 杨海，崔强荣. 网站建设与网页设计案例教程[M]. 重庆：重庆大学出版社，2010.

[4] 张金霞. HTML网页设计参考手册[M]. 北京：清华大学出版社，2006.

[5] 朱国华. 多媒体网页设计教程[M]. 北京：高等教育出版社，2014.

[6] 朱小远. 动态网页设计[M]. 北京：知识产权出版社，2015.

[7] 张忠琼. HTML+CSS网页设计与布局课堂实录[M]. 北京：清华大学出版社，2015.